津农津品
津津有味
——天津农业品牌指南

JINNONG JINPIN
JINJIN YOUWEI
—— TIANJIN NONGYE PINPAI ZHINAN

天津市农业农村委员会　主编

天津大学出版社
TIANJIN UNIVERSITY PRESS

图书在版编目（CIP）数据

津农津品　津津有味 ：　天津农业品牌指南 / 天津市
农业农村委员会主编. -- 天津 ：　天津大学出版社，
2024. 7. -- ISBN 978-7-5618-7762-3

Ⅰ. F327.21-62

中国国家版本馆CIP数据核字第2024XQ8681号

出版发行	天津大学出版社	
地　　址	天津市卫津路92号天津大学内（邮编：300072）	
电　　话	发行部：022-27403647	
网　　址	www.tjupress.com.cn	
印　　刷	廊坊市瑞德印刷有限公司	
经　　销	全国各地新华书店	
开　　本	710mm×1000mm　1/16	
印　　张	15.5	
字　　数	222千	
版　　次	2024年7月第1版	
印　　次	2024年7月第1次	
定　　价	79.00元	

序 言

品牌化是农业农村现代化的重要标志。习近平总书记强调"要深入推进农业供给侧结构性改革,推动品种培优、品质提升、品牌打造和标准化生产"。自 2004 年开始,连续二十一年中央一号文件对农业品牌建设都作出重要部署。天津市委、市政府明确提出了"要着力打造我市农产品品牌,树立品牌意识,讲好品牌故事,提升品牌效应,擦亮'津农精品'金字招牌","持续提高'津农精品'品牌知名度,拓展'津''京'双城供给影响力"的决策部署。农业品牌工作正逢其时、恰顺其势。

洪范八政、食为政首。天津地处九河下梢,拥有广袤平原,四季分明,气候宜人,农业生产条件良好,农林牧渔资源丰富,产出了许多极具特色、享誉全国的优质农产品。天津市委、市政府始终把农业品牌化建设作为推动"三农"高质量发展的重要抓手,坚持因特而立、以优促兴,"津农精品"优质农产品品牌应运而生,有"一家煮饭,四邻飘香"的小站稻,"萝卜就热茶,闲得大夫腿发麻"的沙窝萝卜,"蟹黄绛紫,蟹肉洁白"的七里海河蟹,还有"此果只应天上有"的崔庄冬枣,乾隆皇帝喜爱的台头西瓜,香气馥郁的玫瑰香葡萄,营养新奇的菊苣,绿色优质的韭菜,等等。众多优质特色农产品无不令人垂涎惦念。

2018年，天津市农业农村委发布"小站稻""沙窝萝卜"等首批入选"津农精品"行列的品牌，此后每年认定一批，发布一批，实行动态管理。目前，"津农精品"品牌种类越来越丰富，涵盖肉、菜、蛋、奶、鱼、果、粮、种、休闲农业与乡村旅游、乡村文创产品等，品牌体系初步建立。

今天，经过甄选，编者把颇具特色的部分农业品牌汇聚一起，以"粮种、畜禽、园艺、水产、美味"五篇进行编排，冠以"指南"，以期带给消费者全新的体验，希望通过本书能让更多的消费者了解天津品牌、消费天津品牌、喜欢天津品牌。

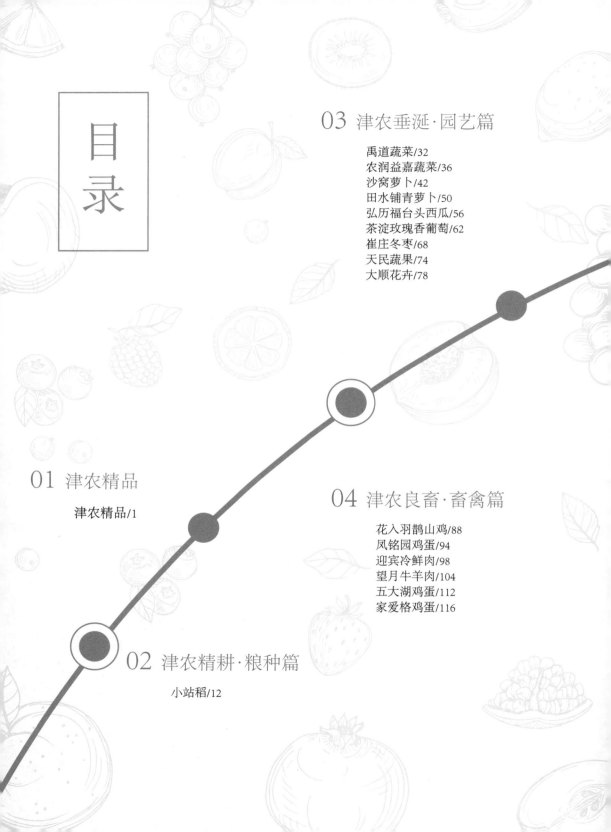

目录

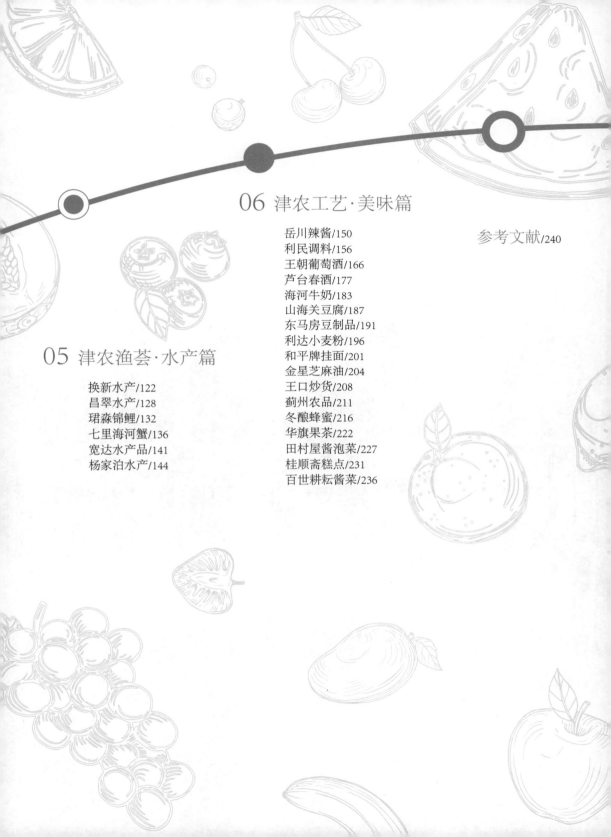

01

津农精品

津农精品

　　天津,渤海之滨的一颗明珠,稻海渔歌、美景如画,因具备集中的平坦地带,适宜的气候,自古以来便多方面地发展桑田渔牧业,大大发展了生产力。辽圣宗统和五年(987年)建立的盘山千像寺讲堂碑载:幽燕之分,列郡有四,蓟门为上,地方千里,籍冠百城,红稻香粳,实鱼盐之沃壤。《辽史·食货志》中也有记载:徙吉避寨居民三百户于檀顺蓟三州,择沃壤,给牛种谷。

　　建城六百余年的天津,以漕运兴盛,南北粮食、水果云集,农产品资源丰富。"小站稻"因米粒晶莹、米饭飘香,赢得如潮赞誉遐迩闻名;"沙窝萝卜"凭着"借漕运荔枝沃土,育卫青沙窝萝卜"的美好传说驰名全国;产自宁河古海岸与湿地国家级自然保护的"七里海河蟹"味道鲜美,特色鲜明,蟹黄色泽鲜艳,蟹肉洁白,曾经被列

为明清朝廷贡品,近年来更有"南有阳澄湖,北有七里海"之说。

党的十八大以来,伴随着农业发展和商业流通,天津农产品发生了翻天覆地的变化,颇具特色的津品、津味儿逐渐为人们所熟知:蓟州农品、武清田水铺青萝卜、静海的台头西瓜,还有滨海新区的崔庄冬枣和茶淀玫瑰香葡萄……自北向南,由西到东,更多更好的优质农产品在津沽大地茁壮成长。

"三农"重任在肩,津沽踏歌而行。天津市委、市政府认真贯彻落实党中央、国务院决策部署,以习近平新时代中国特色社会主义思想为主导,全面贯彻新发展理念,加快建设新发展格局,紧密围绕现代都市型农业高质量发展,把品牌建设作为推进乡村振兴的重要抓手,农业物联网在加密、智能化在提速、全产业链服务在优化,这个承载着现代都市型农业的环渤海经济中心城市,正在向着建设农业强国的愿景稳步前行。为了更好地塑造天津市农业品牌整体形象,提升品牌的影响力和市场的竞争力,努力打造成走向全国乃至全世界的新名片,天津市围绕高端优质、生态循环的绿色发展定位和现代都市型农业发展新业态,以"津农津品,津津有味"为口号,以"高端、高质、高新"为发展线路,以绿色、精品、高档、安全为基本要求,以天津味、美食味、高品位为评定原则,精心打造了市级农业公用品牌——"津农精品",让农产品品牌"握拳"出击。本书将撷取其中 39 个品牌,汇编为五大篇章,包括粮种、园艺、畜禽、水产、美味,以小站稻为首的天津粮种不仅让天津人民吃饱,更是吃好;绿色天然、营养丰富的蔬菜、瓜果,令人赏心悦目的花卉给人以身心的享受;牛、羊、肉、蛋,为守护百姓健康、强健体魄增添保障;鱼虾水产让百姓餐桌更添风味;不胜枚举的"津品"美味让食客无不垂涎留恋,回味久久。"津农精品"农业品牌的认定,大幅增强了产业践行"三品一标"全产业链发展的能力,天津的乡村产业向着形态更高级、布局更优化、结构更合理的方向不断迈进。

为持续推进农业品牌化建设,擦亮"津农精品"金字招牌,天津充分发挥种业优势、人才优势和技术优势,加快推进农业绿色发展,加大质量安全管控力度,加强农产品产地冷藏保鲜设施建设,挖掘优质企业、优质产品,进一步完善农业品牌目录,建立品牌准入与退出机制,并制定印发了《天津市农业品牌建设发展实施方案》《关于加快推进农业品牌振兴的实施方案》《天津市"津农精品"认定管理办法》《天津市特色农产品优势区建设实施方案》《"津农精品"集体商标使用管理办法》等一系列政策措施,着力破解制约农业品牌发展的突出问题,优化品牌的经营环境,不断突出"品质"取胜,筑牢品牌发展根基,通过壮大"津味"品牌,完善现代农业品牌体系,注重创新"渠道"营销,构建多元经销模式,发展"多途径"宣传,提升品牌影响力,加大监督管理,做好品牌保护,不断增强"津农精品"品牌生命力、竞争力。

近年来,"津农精品"品牌感召力不断增强,无论是全国综合性展会,还是地方特色农产品产销对接活动都可以看到"津农精品"的身影,中央电视台、天津电视台等传统媒体对"津农精品"多次报道,抖音、今日头条等新媒体也频频可见宣传的视频和文案,品牌传播效率不断提高,"津农精品"这一"金字招牌"获得了消费者越来越多的青睐,深入老百姓心中。

"津农精品"展示中心

为加快推进天津市农业品牌化建设,不断提升"津农精品"知名度、美誉度和忠诚度,让更多的生产者愿意加入,更多的消费者愿意光顾,天津市农业农村委员会以建设农业强国的任务目标为抓手,认真落实新"三品一标"工作要求,会同天津市农学会、天津食品集团等单位共同建设了天津市"津农精品"展示中心。

展示中心囊括了天津众多的优质农产品,是天津市品牌农产品对外展示的平台和窗口,也是广大消费者了解天津市绿色优质农产品、不断丰富餐桌文化、提高生活品质的平台。在这里,我们可以进一步地了解"津农精品",品鉴"津农精品"。还有很多农业智能模块,让我们能更好地了解农产品生长情况,感受科技带给农业的改变。(展示中心地址:天津市河西区气象台路91号)

02

津农精耕·粮种篇

小站稻

　　水稻是全球三大粮食作物之一,超过50%的人口以水稻为主食。而我国是水稻的原产国,种植历史可以追溯到1.5万年前,同时,我国也是全球水稻生产及消费大国,产量及消费量均位居全球首位。

　　近年来,在消费升级背景下,东南沿海地区消费者对米质及适口性较好的北方粳米需求量不断提升,传统的"南粮北运"粮食供应格局已逐步转变为"北粮南运",北方的优质大米市场更是呈现供不应求局面,五常大米、响水大米、盘锦大米已经成为家喻户晓的知名品牌,但对于京津两地的老一辈人,甚至更大范围内的北方人来说,还有另一风物珍宝留存于味觉之中、飘香于唇齿之间,那就是米质优良的天津小站稻。(表1)

表 1　中国水稻基本分类

分类	形态特征	生育期	繁殖方式
普通水稻	籼稻:谷粒细长,淀粉含量高,米饭胀性大,适宜于低纬度地区生长。	早稻:播种期为 3 月底,生育期较短,约为 120 天内,泛指早籼稻。 中稻:播种期为 4 月初至 5 月底,生育期为 125~150 天,多 为 一季稻。	常规稻:产量及抗病害能力较杂交稻差。
小站稻	粳稻:谷粒多为短圆,淀粉含量低,米饭黏性大,适 宜 于 高 纬 度 地 区生长。	中稻:播种期为 4 月上中旬,生育期超 150 天,可 为 一季稻或双季晚稻。	杂交稻:生长旺盛,穗大粒多,抗病害能力强。

一、万里稻穗，岁稔年丰

海河以南、渤海湾畔，古老的南运河在此与田埂稻谷相遇，为天津小站镇这一面积不足 64 平方公里的土地，带来了悠长的历史泽养和富饶的农耕文明。小站地盘虽小，却早就声名远扬，19 世纪末的"天津小站"是近代欧洲地图上唯一被标注的"中国小镇"，更孕育了我国曾经唯一以生产区域命名的水稻和第一个粮食作物地理标志证明商标。

图 1　20 世纪 60 年代，小站稻的种植面积曾达到 30 万亩

（1 亩=666.67 平方米）

"一篙御河桃花汛，十里村爨玉粒香。"行走在丰收时节的小站，稻浪翻滚、稻香弥漫，饱满的稻穗绘就出金黄的画卷，家家玉粒香飘十里，承载着老百姓对小站稻的深厚喜爱。老天津人都说，中秋一过，最诱人的美食就是"稻米干饭，羊肉氽丸子"。作为北方稻作文化中的典型，小站稻米粒椭圆、微长淡绿、颗粒均匀、如冰似玉、晶莹甜糯、清香爽口、软而不糊、冷后不硬，焖到锅里香气扑鼻，吃到嘴里嚼劲十足，总结起来就是：弹、黏、香、甜。

　　小站稻之所以好吃，不外乎"水肥土厚"。水稻是喜温好湿的作物，日照、积温、水分、土壤等都是影响水稻生长的自然要素，而天津的日照、积温和土壤条件都非常适合水稻生长。

　　几千年来，由于渤海的海陆变迁形成的退海之地，为小站稻种植提供了独特的地理环境。退海地的镁离子含量较高，对水稻生长具有促进作用，对增加水稻总穗数、提高结实率和千粒重有明显作用。同时，天津属暖温带半湿润季风型大陆性气候，无霜期长、日照时数长、有效积温高，利于水稻生长。在津南，水稻的生育期可达167天，远比南方稻作区和东北稻作区要长，特别是津南地区的秋天，秋高气爽，日照好、温差大，非常有利于水稻糖分、淀粉合成和养分积累，这是生产优质稻米的先决条件。而小站稻的用水，靠的是马厂减河引南运河的"御河水"。"御河水"来自浊漳河，黄汤奔流泥沙俱下，黄泥内含有大量氮磷钾等有机肥料，覆盖于稻田盐渍土壤之上，化碱为腴，成为小站稻的生命之源。而御河水沉积的土壤积年渐厚，是小站稻保质的难能可贵的土壤层。这样的水土，才孕育出了"白里透青、油光发亮、黏香适口、回味甘醇"的小站稻。

二、高标优质

小站稻独立执行的质量标准要优于国家标准,经测定,小站稻的多项指标均优于对照米,其中淀粉谱特性值的峰值、谷值、终值、回冷值和消减值均达到了极显著优秀水平。在米色和米香、质地三大指标中,小站稻与对照米质地差异明显,其中黏性、弹性和综合三项指标高于对照米,达显著水平;综合各项评比结果,小站稻具有米饭质地松软、弹性好和冷凉后不变硬的特点,这些特点决定了其优良的品质。

三、千年沧桑，风华再现

"梅花香自苦寒来。"小站稻虽成名于清末淮军小站屯垦，至今不过百余年时间，但水稻种植在天津却有着一千多年的历史。

天津市津南区小站镇与渤海遥遥相望，因淮军盛字军在马新大道分设驿站，每20里设一大站，每10里设一小站得名。宋朝时期，宋辽边境这一带结合军事防御和边界屯田，开始种植稻米。从明万历二十六年（1598年）开始，农田水利专家汪应蛟、礼部尚书兼文渊阁大学士徐光启以及清代水利专家陈仪等相继在津南围田种稻，为小站地区改良盐碱地积累了经验。而在清朝接续种植的多年努力下，马厂至新城的河道终于得以开通，种稻用水问题得到了解决，原本荒芜的小站地区逐渐呈现出了"鱼米之乡"的富饶景象。

清末，小站迎来了具有关键性的两兄弟——周盛传、周盛波。1875年，李鸿章奉命兴修京津水利，作为淮军将领的周盛传专任京沽屯田事务，经其反复踏勘，以天津小站为中心，纵横百余里，开挖河渠、改良土壤、开垦稻田，历经6年辟稻田6万余亩。经过耕种发展，小站稻成为贡米，出现在紫禁城里的餐桌上。小站稻的问世，是天津屯垦史上一个重要的节点，对保障天津乃至全国的粮食安全都具有举足轻重的作用。

从周盛传驻军小站、兴修水利、选育良种，使晶莹剔透、香气四溢的小站稻成为皇室贡米至今，小站稻成名已有 140 余年。新中国成立后，小站稻进入了黄金发展时期。一直持续到 20 世纪 60 年代中期，小站稻发展达到鼎盛，种植面积最大、产量最高、种植技术和水利设施都超过前期，平均种植面积维持在 23 万亩左右，平均亩产约 348 公斤。

1972 年，华北大旱，"九河下梢"之地水源断绝，小站稻一度趋于衰落。1976 年，天津市委决定恢复和发展小站稻，小站稻真正迎来了新的发展。为了满足日益增长的市场需求，提高"小站稻"的质量，改变过去一味追求高产的传统栽培模式，自 2004 年以来，天津市培育出一批"小站稻"优质新品种，生产规模逐步恢复。而近年来，由于国内和国际市场环境的发展和变化，以及国家粮食安全战略、生态文明战略以及乡村振兴战略的启动实施，小站稻的复兴迎来了百年难得的机遇。

如今，小站稻成为我国第一个粮食作物地理标志证明商标，2020 年被列入我国农产品地理标志产品，小站"稻作文化"被认定为中国重要农业文化遗产。在解决周边居民温饱问题的同时，小站稻的兴盛也推动了我国农业发展，优质稻种推广至周围地区和北方部分种稻省份。

四、创新培育，科技粮芯

有种才能有粮。种子是农业的"芯片"，有好种子才能种出好稻子，品牌打造也要靠种子的科技含量。

"银坊香稻传千里，水源三百是珠玑。"作为一种杂交稻，小站稻优质基因来源广泛。纵观小站稻的发展史，从宋辽时期何承矩屯兵到清末周盛传小站练兵，再到新中国成立后水稻产业的不断发展，从江淮粳稻到红莲稻再到日韩籽种，一千多年的历史进程中小站稻经过多次品种变革，特别是新中国成立后已经有过9次品种变革，形成了众多优良品种。经过了多方选育比较，构建了小站稻精品育种技术体系，选育了一批目标性状突出、综合性状优良的精品粳稻新品种。目前已形成了类型丰富、特点各异的小站稻品种群，其中优质米津稻179、津原E28、津川1号等已推广多

年,至今仍是很多稻米加工企业的订单品种。2018 年,习近平总书记在国家南繁科研育种基地考察时强调,良种在促进粮食增产方面具有十分关键的作用,要下定决心把我国种业搞上去,要抓紧培育具有自主知识产权的优良品种,从源头上保障国家粮食安全,并关切地询问:"天津有个'小站稻','小站稻'怎么样了?"

牢记总书记的嘱托,天津迅速提出《天津小站稻产业振兴规划(2018—2022年)》,一场"种子研发升级行动"自此打响。天津市农业农村委员会组织科研部门先后选育并审定通过了 15 个水稻品种,其中优质稻津原 U99、天隆优 619、金稻 919、津川 1 号等米质达到国际一级标准,口感弹润香甜,已成为国内高端米的代表品种。

天津小站稻种源主要依托天津市原种场、天津市农科院农作研究所、天津农学院和天隆公司四家种子研发机构,天津水稻研究所最新育出的非转基因抗除草剂水

稻品种为发展水稻机械化"旱直播"技术解决了关键性问题,为小站稻保护与发展提供了有力的技术保障。杂交水稻之父袁隆平院士曾多次到津,表示天津市在水稻育种研发方面基础较好,要致力于进一步振兴天津小站稻,提高天津小站稻的产量和质量。

优质种源的培养让小站稻品质优化,生命常青。围绕小站稻所形成的集群种源,遗传多样性丰富,既有杂交稻,又有常规稻,生育期从 130 天到 180 天不等,粒型上也较为多样,有长粒型、圆粒型和中长粒型,既有浓香型品种,也有清香型品种,可以满足不同的生产需求,促进小站稻品种升级换代。如今,天津已成为北方稻区面积最大的粳稻种子生产基地之一,优质稻种不断销往江苏、辽宁、山东、安徽等地。

五、融合发展，孕育津品

小站稻是天津农产品中最有代表性的区域公用品牌。为从源头保护好小站稻品牌，津南区申请了证明商标，相关部门核准津南区农业技术推广服务中心为法定持有人。2009 年，小站稻又被国家工商总局认定为中国驰名商标，对天津市水稻产业的整合与品牌推广起到了促进作用。2018 年，在政府大力推动下，津南区小站稻种植面积恢复、扩大到 3 万亩以上，主要区域以小站镇为中心，辐射葛沽、八里台、北闸口等镇。

近年来，在全面提升品牌价值、服务企业发展的原则指导下，天津市深入实施小站稻产业振兴规划，全力开展小站稻品牌建设，推进小站稻品种培优、品质提升、品牌打造、标准化生产，实现从稻米种植到加工、销售全产业链融合；利用"互联网+""旅游+""生态+"等模式，推进小站稻产业与观光旅游、水产养殖、文化教育等产业的深度融合；充分发挥龙头企业联农带农作用，持续推进小站稻产业发展促进农民增收，推动小站稻的品牌知名度和影响力大幅提升。

通过在品牌管理、知识产权、种植推广、育种研发等方面持续发力，小站稻已树立了良好的品牌形象，形成了品牌的虹吸效应，逐步打造成为金字招牌。小站稻被列入全国全产业链重点链，品牌影响力和知名度持续提升。小站稻的品牌建设之路见证了天津市在品牌强农工作上所做的努力，其建设模式和取得的丰硕成果，为推动天津市农业品牌创新发展探明了路径，提供了可借鉴的经验。

　　在西青区王稳庄镇,国家级研发平台,国家粳稻中心和示范种植农场——中化农业的 MAP 农场(图 2),将近 3 万亩连片的生态良田实现了水稻人工湿地的打造,真正形成了一个鸟、鱼、米生态之乡,吸引了众多的游客,并利用现有的育繁种基地、实验室、科普展厅,面向游客开展研学活动。目前,西青区王稳庄镇的水稻生态湿地已经成为天津市现代农业的标志地区。

图 2　中化农业的 MAP 农场

六、禾下乘凉，稻梦相承

民以食为天，食以稻为先。承载着袁隆平先生的禾下乘凉梦，一代又一代的粮食人，在充满坎坷的研究道路上奋力跋涉，不懈探索，为人们带来绿色的希望和金色的收获。

在天津市委、市政府的政策引导下，小站稻紧跟城市发展步伐，以新迎变，精进臻善，屡创辉煌。"天津津南小站稻种植系统"被认定为中国重要农业文化遗产，小站稻获得农产品地理标志登记证书，具有自主知识产权的小站稻良种"小站稻1号"也已成功试种。2022年，天津小站稻种植面积达到100万亩，发展稻渔综合种养50亩，病虫害统防统治实现全覆盖，水稻机耕、机插、机收率均达100%，成功入选

2022年全国农业品牌精品培育计划,标志着小站稻跨入国家级农业品牌行列,与此同时,在农业农村部2022农业品牌创新发展典型案例名单中,天津小站稻作为仅有的5个品牌协同发展案例之一榜上有名。

我辈后人不懈怠,禾下乘凉梦已真。小站稻这缕缠绕天津人舌尖千年的味道,历久弥新,正在稻田里、餐桌上,不断焕发出新的光彩。

03
津农垂涎·园艺篇

禹道蔬菜

　　菊苣又称金玉兰菜、欧洲菊苣、玉兰菜、苦白菜,属于菊科。菊苣种植的原种引进于荷兰,学名叫作芽球菊苣,是欧洲非常流行的一种蔬菜,而在国内一般是叫它"金玉兰菜"。芽球菊苣是一种高档保健类蔬菜,它的叶子部分看起来很像娃娃菜,口感鲜嫩,可当水果生吃,比娃娃菜清脆爽口、味道鲜美,也可用来炒菜、煮汤等,同时还能佐食牛排,味道鲜美。

图 3　菊苣营养成分表

　　菊苣的营养非常丰富。如图 3 所示,它不仅具有丰富的 β -胡萝卜素、钾、钙、维生素 C 等营养成分,营养全面且不易流失,还含有香豆素类、倍半萜类、黄酮、酚酸类等功能成分,具有保肝、降血糖、调节血脂和抗高尿酸血症等药理作用。

　　菊苣的根块很粗壮,和山药一样又粗又长,含有丰富的菊糖和芳香类物质,可提取咖啡代用品,提取的苦味物质有提高食欲、帮助消化的功效。芽球菊苣不仅在欧洲市场非常畅销,在国内也深受大家喜爱。

在天津地区进行水培菊苣生产,具有很多优势,例如分明的季节、湿润的气候、干净的水源等。天津市田野蔬菜种植专业合作社,从开始改良土壤、测试灌溉用水到蔬菜品种引进、病虫害物理防治,潜心钻研菊苣种植技术。公司结合荷兰生产技术进行适合本地区环境的技术调整,经过3年时间,制定出天津地区的生产标准。

菊苣的特点是生产周期短,只需要21天即可上市,低温生长没有病虫害,达到有机产品标准,产品微量元素含量丰富。经过检测,该公司种植的菊苣多糖是同类产品的10倍,从外观上来看,菊苣比同类产品的更饱满美观,颜色金黄。

"禹道"为天津市田野蔬菜种植专业合作社注册品牌,"禹道"寓意在农业这个行业中应具有大禹治水的精神,鼓励企业中所有人要有坚持的信念、创新的精神、优

秀的品质。对所种植生产的产品精益求精,做到极致,在行业中创建企业发展独特的方法,也寓意企业中所有人在为人处事中应以道德、信誉为先,顺应社会发展,其大无外,其小无内,遵循自然规律。

因为创新和坚守,企业将菊苣种植做大做强。2022 年产品产量达到 645 吨,主要销往北京、上海、浙江、广东、四川等地。因为优良的品质和食客的喜爱,禹道菊苣获得了国家有机产品检测中心的"有机产品"证书,还被农业农村部认定为第一批"特质农品",被天津市农业农村委认定为"津农精品"。

农润益嘉蔬菜

　　韭菜作为老百姓餐桌上的主要蔬菜，一直是大部分家庭不可或缺的，尤其是在特殊节日吃饺子时，比如头伏的饺子、年三十的饺子、正月十五的饺子、冬至的饺子等等，很多家庭都会将韭菜馅作为首选。对于许多北方人来说，韭菜馅更是饺子馅中的头牌。"一畦春韭绿，十里稻花香"，春天的第一缕韭菜香不知诱惑了多少忠实的韭菜粉丝。

　　韭菜的原产地就在我国，作为风靡餐桌的食物，其种植历史至少有 2500 年之久。早在《诗经·豳风·七月》当中就有"四之日其蚤，献羔祭韭"的说法，意思是说到了四之日（周代历法当中的四月）需要献上羔羊和韭菜进行祭祀。那为何要用韭菜进行祭祀？其实这和韭菜的生长特点有关，韭菜有"剪而复生"的特点，这样的特点让韭菜看起来有一种生生不息的感觉，人们用其进行祭祀以祈求祖孙代代昌盛。

　　韭菜春季食用有益于肝，初春时节的韭菜品质最佳，晚秋的次之，夏季的最差，有"春食则香，夏食则臭"之说，隔夜的熟韭菜不宜再食。韭菜含水量高达 85%，热量较低，是铁、钾和维生素 A 的上等来源，也是维生素 C 的一般来源，素有"菜中之荤"的美称。韭菜中还含有较多的粗纤维，经常食用，可以起到促进消化的作用。另外，韭菜的独特辛香味是其所含的硫化物形成的，这些硫化物有一定的杀菌消炎作用，有助于人体提高自身免疫力。

　　韭菜种植的时间非常广泛,春、秋、冬三季均可种植,其实夏季控制好环境也可以种植。最佳种植季节是春季和秋季,这两个季节的韭菜长势最旺盛。种植韭菜可直播和育苗,苗床需要选择中性沙壤土。宝坻区新安镇郑家庄村,位于蓟运河畔,具有河流冲击的沙性土壤,沙性土壤富含各种微量元素,其中铁、钙等含量丰富;水系属于奥陶水系,弱碱性,非常适合韭菜生长,天津宝地丰农业科技有限责任公司选择在此发展韭菜种植产业,为老百姓提供安全韭菜。

近年来病虫害及食品安全的问题时有发生,因此老百姓在挑选韭菜时更加谨慎。韭菜生产上病虫害流行速度快、草害猖獗、农药残留超标、化肥超量施用导致硝酸盐积累等问题严重威胁韭菜产业食品安全。针对病虫害防治难题,公司联合科研院校的专家老师们进行研究实验,利用南开大学阮维斌教授的以虫治虫技术预防韭蛆,在当地监管部门的全程指导下进行种植,采用标准化生产。用心培育的韭菜不仅保障了食品安全,而且提升了味道,增加了营养。

小韭菜彰显大担当!"农润益嘉"放心韭菜是公司的核心产品。从开始的选种,到种植技术的标准化管理初步形成,总共经历了5年的发展历程。在2020年和2023年宝地丰农业科技公司连续两次通过了GAP良好农业规范认证(图4),公司保证了生产过程、投入品管理、上市前检测等的规范管理,保证生产的产品能够让老百姓放心食用。基地种植韭菜根据季节的不同、棚室的不同,科学地选择种植品种,深休眠品种适合露地种植,适合夏天收割;浅休眠品种适合冷棚种植,适合冬延春和秋延冬收割;不休眠品种适合暖棚种植,适合冬天收割。

注册号: 1201152001245
证书号: 0160AP2000006

良好农业规范认证证书

兹 证 明

天津宝地丰农业科技有限责任公司

认证依据:
GB/T20014.2-2013 农场基础控制点与符合性规范
GB/T20014.3-2013 作物基础控制点与符合性规范
GB/T20014.5-2013 水果和蔬菜控制点与符合性规范

场所名称 (地址)	基地面积 (公顷)	模块	产品名称	产品描述	生产规模 (公顷)	产量 (吨)
天津宝地丰农业科技有限责任公司种植基地（天津市宝坻区新安镇郑家庄村）	10.1	果蔬	韭菜	韭菜	10.1	413

注: 以上产品包括生产和收获、收获后处理，企业存在平行所有权。
　　以上产品及其生产过程符合良好农业规范认证实施规则的要求，特发此证。

认证选项: 选项1-农业生产经营者
认证级别: 一级
注册地址: 天津市宝坻区新安镇郑家庄村南侧50 米

初次发证日期: 2020年10月11日
本次发证日期: 2023年10月10日
证书有效期: 2023年10月10日 至 2024年10月09日

新世纪检验认证有限责任公司
总经理:

图 4　GAP 良好农业规范认证

根据棚室的不同,基地种植有富韭 6、20-1、韭星 18、韩青、独根红等多个韭菜品种。宝地丰公司的"农润益嘉"韭菜一经上市,就得到了经销商和消费者的认可,在特质农产品申报检测中,基地韭菜维生素 C、蛋白质、钙含量显著高于同类产品(图5),具有特质农产品的独特品质特征。除此之外,"农润益嘉"韭菜在多次的定量检测中,68 项药残均为零,让老百姓将"农润益嘉"与"放心"画上等号。

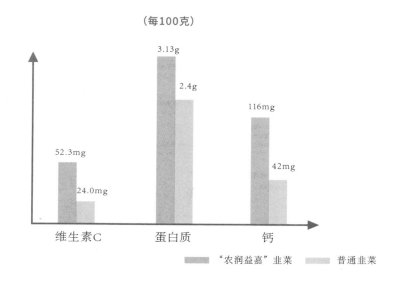

（每100克）

图 5　"农润益嘉"韭菜与普通韭菜营养成分对比

"农"字突出农业、农民、农产品之本,是初心信念的写照;"润"字突出创始人用放心农产品滋润万家的决心;"益"字突出创始人共享、融合、联结共建的包容开放理念;"嘉"字压轴,突出创始人做出最佳农产品、成为最佳新农人、做好最佳餐桌服务员的最终目标。

沙窝萝卜

随着经济发展,人民生活水平的提高,人们在水果消费上不再满足香蕉、鸭梨、苹果等常规产品,近年来,节假日特别是在春节时买上一箱沙窝萝卜送亲朋好友,看春晚时吃上一盘水果萝卜成为新时尚。红春联、红灯笼、红红的福字映照着千家万户红火的日子,万红丛中一点绿是那新切的、沁着翡翠汁水的沙窝萝卜,咬一口,唇齿清爽,口舌生津,这便是天津人民在年三十的一种极致享受。

临近元旦或是春节上市的、带缨的新鲜沙窝萝卜以其独特的外形和口感,满足了市场消费的需求,赢得了食客的认可。人们不惜花重金、跑远路也要吃上纯正的沙窝萝卜,反季节生产的沙窝萝卜一时叫响津京、河北地区,成为节日里人们走亲访友、馈赠亲朋的珍贵礼品,是高端宴会、居家常备的鲜食,也可以用来烹饪或是佐茶、

下酒。

"沙窝萝卜"是天津市地方名特产品,过去曾为清乾隆帝御品,自清代至今已有300多年的栽培历史。1970年周恩来总理出访时,曾带沙窝萝卜籽种馈赠朝鲜,沙窝萝卜也成为两国友谊的见证。沙窝萝卜作为天津市西青区辛口镇特色品种,20世纪30年代起就远销到我国香港地区、日本和东南亚各国,特别是在计划经济年代更是成为天津地区出口创汇的主要农产品之一。

"沙窝萝卜"外形呈圆柱状,表皮光滑细腻,肉色翠绿,甜辣可口,脆爽多汁,含有多种酶和维生素,具有杀菌、祛痰、止咳、利尿等功效。"沙窝萝卜就热茶,闲得大夫腿发麻",这样的民间谚语足以证明其养生的效果。

"沙窝萝卜"原产于津西南运河畔的小沙窝村,该村土质上沙下黏(图6),特别适合萝卜生长,并由此而得名。沙窝萝卜最初只是在南运河沿岸的小沙窝村种植,后来逐步扩大到小沙窝周边村落及辛口镇的其他各村。沙窝萝卜从明朝开始种植,清朝便享有盛名,勤劳的"沙窝人"依托当地独特的"蒙金土"和优质的"运河水"培育出了"沙窝"萝卜独特的口感。

沙质土　　　　　　黏质土　　　　　　沙壤土

图 6　沙窝萝卜沙质土与其他土质对比

此外,"沙窝萝卜"含有丰富的膳食纤维,所含热量较少,吃后易产生饱胀感,有助于减肥;含有芥子油,萝卜中的芥子油和精纤维可促进胃肠蠕动,有助于体内废物的排出,适合便秘患者食用;含有非常可观的花青素,具有强效的抗氧化功效,其抗氧化作用是维生素 E 的 50 倍,维生素 C 的 20 倍,仅次于番茄红素,能帮助清除体内的自由基,缓解衰老,如表 2 所示。

表 2　"沙窝萝卜"的营养成分含量[注]

类别:蔬菜类(指 100 克可食部分中的含量)

"沙窝萝卜"的营养成分含量				
碳水化合物	水分	维生素 C	膳食纤维	蛋白质
6g	91g	14mg	0.8g	1.3g

注:数据来源于 2020 中国食物成分表。

　　"沙窝萝卜"该如何挑选? 首先,看颜色。好的萝卜颜色一定是正宗的青色,且青色的部分在整个萝卜中的比例越大越好,青的少白的多的萝卜味道较差。因为萝卜青色的地方就是阳光照过的地方。其次,看形状。好的萝卜主根一定要粗壮,须子比较长,且萝卜大小粗细均匀,饱满且没有损伤,表皮光滑不开裂,没有杂色。最后,掂重量。选萝卜的时候可把萝卜放到手中掂量一下,感觉又硬又重的萝卜就是好萝卜,如果较轻则不好。

　　近年来,随着农业生产设施和保鲜技术的快速发展,"沙窝萝卜"的栽培技术和贮藏方式也进行了根本性的革新,栽培技术由露地生产改为秋延后设施生产,这种栽培形式因降温后可盖膜、加保温被保温,保证萝卜一直生长在温室内不受冻害,直到元旦或春节直接收获上市。这种栽培形式既能利用田间的湿度保证不糠心,又能利用冬季长期的低温使营养成分发生转化(淀粉转化为糖),使温室既是生产地又是"冷藏窖",能够做到现吃现拔,因此萝卜营养品质和口感品质较稳定一致,深受消费者欢迎。另外,贮藏方式由传统的坑埋贮藏改为冷库贮藏,由于保存环境温度、湿度稳定可控,大大延长了贮藏时间、提高了储后品质。

　　随着沙窝萝卜种植规模的不断扩大,天津市西青区辛口镇于 2003 年 9 月成立了沙窝萝卜产销协会。协会会员主要由镇农业技术推广站、沙窝萝卜贮藏企业、沙窝萝卜种植能手、多年来从事沙窝萝卜提纯复壮研究的农民技术员和进行沙窝萝卜销售的农民经纪人组成。2007 年以来,新兴的农民合作社以及家庭农场不断加入协会,不断地为协会注入新鲜血液并逐渐成为协会的中坚力量。

　　协会全力打造了"沙窝"品牌,树立了良好的品牌形象。"沙窝萝卜"始终保持高质量、高信誉、绿色健康的发展方向,特别是在商标品牌战略、知识产权保护以及产品设计、制造、使用方面都具有超前意识,占据领先地位。自"沙窝"商标使用以来,就注重其定位和保护。协会于 2007 年成功注册"沙窝"地理标志证明商标。

　　"沙窝萝卜"产销协会不断加大科技投入,在技术创新上取得了重大突破,形成了拥有自主产权的保护体系。协会曾荣获国家星火计划"农村专业技术示范协会"证书、"天津市优秀农村专业技术协会"荣誉证书,"沙窝萝卜"种植及窖藏技艺被天津市人民政府评为天津市非物质文化遗产。

田水铺青萝卜

　　在广阔的华北平原上,坐落着一个美丽的村庄——武清田水铺村。在这个祥和的小村庄四周,流淌着大大小小的河流,村东侧是秀丽蜿蜒的青龙湾河,西侧是壮观大气的千年京杭大运河,北侧是颇有灵性的龙凤河。这些大大小小的河流,或是波澜壮阔,或是平静安宁,使得田水铺村积淀了深厚的运河文化。川流的河水也滋养了这片美丽的土地。丰腴的河流使得这片土地有了丰富的地下水资源,也形成了特殊的滩涂和肥沃的土壤,随之而形成的特殊沙质土壤结构,则造就了一个非常适合青萝卜生长和块茎膨大的自然环境。

　　青萝卜在我国主要产自天津和山东。天津青萝卜又称卫青萝卜,种植历史迄今已有600多年。山东的青萝卜以潍坊青萝卜为主,至今已有300多年历史。

　　大良镇区域内土壤具有独特的上沙下胶的土壤结构,土壤主要为潮土和沙壤土,地形平坦,地下水埋藏较浅并参与了成土过程,有机质积累较多,土体构型复杂。土壤中有机质养分较为充足,土壤 pH 值呈中性至微碱性,加上光照充足、秋冬季温差较大,非常适合青萝卜的生长和糖分积累。天然的水土环境成就了远近闻名的外形碧绿如玉、口感脆甜清爽、甜中微辣的"田水铺青萝卜"。正所谓,一方水土养一方人,一方水土出一方萝卜。也正是由于独特的地理位置和自然环境,田水铺产出的萝卜凭借独特的口感吸引了大量忠实粉丝。

　　目前,市面上常见的萝卜有多个品种,如胡萝卜、水萝卜、白萝卜等,那青萝卜与它们比起来,又有什么突出的、令人喜爱的特点呢?从图7对比中不难看出来,青萝卜外形翠绿,口感脆甜,甜中带着丝丝辣味,令人回味无穷。

青萝卜:
口感脆嫩、多汁,甘甜微辣

胡萝卜:
根茎粗壮,长圆锥形,维生素A含量高

水萝卜:
口感清脆,含水量较多

白萝卜:
长圆形、球形或圆锥形,清脆爽口,适当食用可提高免疫力

红萝卜:
形状为球形,富含磷、钾、铁、钙等微量元素

樱桃萝卜:
外貌类似樱桃,肉汁细嫩,适合生吃

图 7　萝卜特征对比

　　青萝卜不仅口感独特,营养也十分丰富。根据 2020 年中国食物成分表中的数据,青萝卜营养含量每 100 克可食部分,含碳水化合物 6 克、蛋白质 0.6 克、钙 49 毫克、磷 34 毫克、铁 0.5 毫克、无机盐 0.8 克、维生素 C30 毫克。青萝卜含有丰富的纤维素和酶类成分,能提高人体肠胃的消化能力,促进对食物的消化与吸收,可以预防积食与消化不良。青萝卜中还含有木脂素和微量元素硒,都是天然的抗癌成分。

　　田水铺青萝卜含水量高、肉嫩多汁,含糖分高、甜而不辣、形状整齐,由于糖分高,口感上吃起来更脆甜。经检测,田水铺青萝卜中含有的抗坏血酸成分为 19.7 毫克/100 克,为同类产品的近 3 倍;钙含量为 427 毫克/100 克,为同类产品的近 10 倍。青萝卜不仅钙含量超高,蛋白质、含糖量等也优于人们经常食用的水萝卜和白萝卜,如图 8 所示。

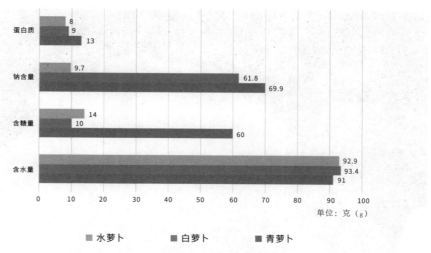

图 8　青萝卜与其他品种萝卜营养含量对比

（每 100 克可食用部分）

"小兔拔拔"水果萝卜是青萝卜家族中又一后起之秀。选种品种是由天津农科院培植出来的"七星"萝卜新品种，它外皮光滑、口感脆甜、翠绿多汁，多个品质超过了众多传统产区的老品种。

有一首儿歌"拔萝卜，拔萝卜，嘿哟，嘿哟，拔萝卜"相信大家都耳熟能详，"小兔拔拔"的品牌创意便来源于此。"小兔拔拔"利用跨界定位进入水果行业，以更具趣味、文艺和温度的品牌形象去吸引年轻消费受众。这波妥妥的回忆杀可以使消费者在品尝萝卜的同时唤起童年美好的回忆，同时也传达给消费者一个印象——这是小兔子最爱吃的萝卜。

　　田水铺村从 2007 年起初步形成了青萝卜种植产业。目前青萝卜种植面积已经达到 1 万亩,每年生产销售的青萝卜达到 5 万吨,远销全国十几个省市,被农业农村部认定为"一村一品"青萝卜专业村。

弘历福台头西瓜

　　西瓜来源于域外,从古至今受到人们的喜爱,已经成为人们酷暑盛夏不可或缺的一部分。酥脆的口感及甜蜜的果汁让西瓜融入夏天的味道里,"炎炎夏日,有瓜真甜,手起刀落,切出整个夏天"。

　　静海区是天津市西瓜种植的主产区。静海区最为著名的西瓜便是台头西瓜。台头西瓜的主要特点是果皮厚度不超过 1.0 厘米,单果重 5 千克至 7 千克,甘甜多汁,爽口,纤维少,回味浓。

　　清澈甘甜的大清河水、肥沃的土地及优质的气候条件培育出了品质优良的台头西瓜,台头西瓜,自古以来以其皮薄、瓤甜、沙脆而闻名冀中,并曾受到乾隆皇帝的夸奖。

台头镇位于大清河下游,据史料和《静海县志》《清实录·高宗实录》《大城县志》记载:清朝时,康熙、乾隆皇帝为了南巡,在台头镇建立了台头行宫,以供皇帝居住。乾隆皇帝在位时,曾于1767年3月30日(乾隆三十二年三月乙丑)、1770年4月10日(乾隆三十五年三月壬辰)、1794年4月20日(乾隆五十九年三月戊申)前后三次驻跸台头行宫。他第一次在这里驻跸时,便和台头百姓建立了深厚的感情,并将亲笔写的"福"字赠予"郝氏祠堂"。为了感谢皇帝对台头百姓的关心,后来这里的百姓便将地方特产——台头西瓜作为贡品觐献给了他。由于乾隆皇帝和台头百姓感情至深,他在即将退位时,不顾84岁的高龄于1794年4月20日(乾隆五十九年三月戊申)专程看望了台头百姓。

由于乾隆皇帝名弘历,他又给台头百姓书写过"福"字,故这里的西瓜商标注册为"弘历福"。"弘历福"西瓜不仅延续了传统台头西瓜皮薄瓤脆、口感甜爽的特点,还富含多种氨基酸、维生素,是消夏解暑的佳品。炎炎夏日,切上一个台头西瓜,吃起来甜蜜蜜、凉滋滋,爽口极了,也难怪乾隆皇帝爱极此瓜。

瓜好还需地好,台头镇耕地土壤肥力高于天津市平均水平,无工业污染,适宜发展优质农产品,2002 年被天津市命名为蔬菜、西甜瓜种植基地。台头镇属于天津中南部海积冲积平原区,地势低平,是典型的低平原。台头地区属暖温带半湿润大陆性季风气候,主要气候特征为:季风显著,四季分明。台头镇地处东淀洼,历史上的洪水泛滥成就了其肥沃的土壤;地表水源充足,有良好的灌溉条件;土壤为砂质湿热土,矿物质含量丰富,土壤耕性好,适宜瓜果种植。

| 麒麟 | 京欣 | 早春红玉 | 特小凤 |
| 台头西瓜 | 台头西瓜 | | |

| 甜王 | 宁夏富硒 | 黑美人 | 墨童 |

图 9　8 种西瓜品种对比图

台头西瓜分为大棚西瓜和陆地西瓜两种,大棚种植品种以"麒麟"为主,每年 5 月前后上市,7 月前后采摘结束;陆地西瓜品种以"京欣"为主,每年 6 月前后上市,7 月底左右采摘结束。两种台头西瓜与其他西瓜品种的对比,如图 9 所示。

为了帮助消费者更好地了解台头西瓜,我们从口感、甜度、香气、果肉脆度、瓜籽多少、瓜皮颜色及薄厚等维度做了对比,如图 10 所示。

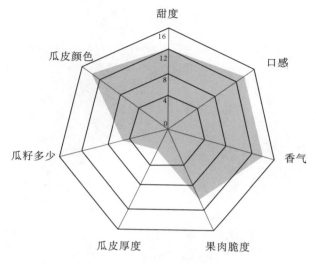

图 10 台头西瓜自身对比图

为了使消费者购买到真正的台头西瓜,台头镇西瓜合作社于 2006 年在工商部门注册成立,使其有了双重保险, 2007 年以后出现在市场上的台头西瓜都有了自己的身份证。同年"弘历福"牌台头西瓜荣获科宝·博洛尼杯中国西甜瓜擂台赛优秀奖。2010 年 12 月,经国家质检总局审查,决定对"台头西瓜"实施地理标志产品保护。

茶淀玫瑰香葡萄

　　玫瑰香葡萄,也叫麝香葡萄,属欧亚种,也译为莫斯佳、汉堡麝香、穆斯卡特等,是一个古老的品种,是著名的鲜食、酿酒、制汁的兼用品种。玫瑰香葡萄在世界上种植面积分布很广,特别是欧洲各国种植较多,也是我国分布最广的品种之一,各主要葡萄产地均有栽培,国内以天津市滨海新区汉沽的茶淀玫瑰香葡萄最有名。茶淀玫瑰香葡萄因原产于汉沽茶淀镇而得名。汉沽拥有绝佳的自然优势,是种植葡萄的上选之地,独特的地理条件和自然环境培育出了香气馥郁、口感绝佳的玫瑰香葡萄。

　　玫瑰香葡萄粒小小的,不太起眼,未熟透时是浅浅的紫色,就像玫瑰花瓣一样,口感微酸带甜,一旦成熟颜色便紫中带黑,一入口,便有一种玫瑰的香气沁人心脾。茶淀玫瑰香葡萄着色艳丽、麝香味浓、含糖量高,具有色泽美观、果型整齐、珠粒均

匀、口感甜美等特点，既是鲜食佳品，又是酿制干白葡萄酒的上佳原料。茶淀玫瑰香葡萄营养成分比较丰富，包括很多人体所需的维生素和纤维素等，经测定主要营养成分如图 11 所示。

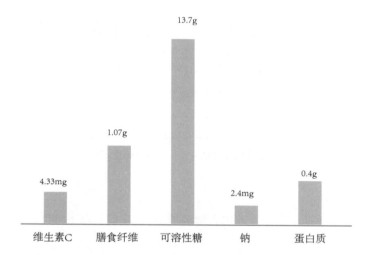

图 11 "茶淀玫瑰香葡萄"的营养成分含量(数据来源 2020 中国食物成分表)

类别：水果类(指 100 克可食用部分中的含量)

如图 11 所示，茶淀玫瑰香葡萄维生素的种类较多、含量较高。此外，玫瑰香葡萄还含有很高的维生素 B12，这是一种可以对抗人类恶性贫血的天然物质，而玫瑰香中的维生素 P 含量也很丰富。其中还含有大量的葡萄糖和多种酸性成分，这些物质能为人体的神经系统提供足够的营养成分，减少神经衰弱情况的出现，消除人类的疲劳感。

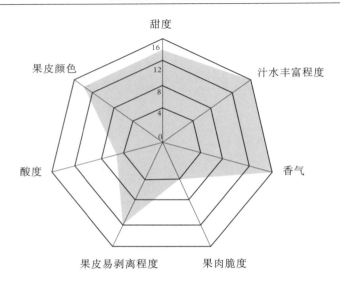

图 12 "茶淀玫瑰香葡萄"测评(数据来源 2020 中国食物成分表)

为了更加全面地呈现茶淀玫瑰香葡萄的品质,我们从以下维度,对茶淀玫瑰香葡萄做了测评,包括果皮易剥离程度、香气、甜度、酸度、汁水丰富程度、果肉脆度,果皮颜色(图 12)。从图中可以看出,香气馥郁、高甜多汁是茶淀玫瑰香葡萄的突出特点,相信这也是很多消费者选择茶淀玫瑰香的首要原因。

茶淀玫瑰香葡萄品质之所以优于其他产地,是与其独特的生长环境分不开的密切的关系。滨海新区汉沽地处渤海沿岸滨海平原区,汉沽属于典型的古泻堤间洼地,是蓟运河的入海口,自然条件优越,属暖温带滨海半湿润季风型大陆气候,四季分明,年平均气温 12℃。太阳光能辐射值高,昼夜温差大,利于茶淀玫瑰香葡萄生长和果实积蓄糖分。土壤以盐化湿潮土为主,质地黏重,土壤保水保肥力强,土壤中矿物质含量丰富,形成了茶淀玫瑰香葡萄生长的独特土壤环境,有利于葡萄风味的提升。口感微酸带甜,成熟后紫中带黑,入口有一种玫瑰的沁香,甜而不腻,没有一点苦涩之味。

  2007年12月茶淀玫瑰香葡萄被批准为国家地理标志产品；2008年，茶淀玫瑰香葡萄荣获奥运专用水果——"中华名果"的称号；2017年，茶淀玫瑰香葡萄被天津市农业农村委员会认定为天津市知名农产品品牌。截至目前，滨海新区汉沽地区有耕地6.8万亩，其中玫瑰香葡萄种植面积2.7万亩，年产量达8万吨，形成了全中国特殊的果品风味独特和连片单一品种种植区。茶淀玫瑰香葡萄一年一熟，每年的中秋佳节期间，是玫瑰香葡萄的成熟期。因其肉质坚实易运输、易贮藏，搬运时不易落珠，已远销京、津、冀、沪、鲁、辽、吉、黑等多个省市。

崔庄冬枣

　　在天津市的最南端,有一条古老的娘娘河,河畔北岸有一片唐、宋时期的古村落遗址,遗址西边有一个村子,被古老的冬枣树林所环抱。这个村子就是天津市滨海新区太平镇的崔庄村。明史记载,早在六百多年前,人们就开始在这里种植冬枣树,相传明孝宗皇帝曾和皇后张娘娘在这片古老的冬枣林中采摘、品尝过冬枣,并于当时兴建了"皇家枣园"。

　　关于崔庄冬枣还有一段神话故事传说。相传,一日王母娘娘在天宫举行蟠桃会,各路神仙都到王母娘娘那里喝仙酒来了,齐天大圣孙悟空却未在邀请名单之列。孙悟空得知后非常生气,便使性撒泼。孙悟空一个跟头十万八千里,穿过云层来到天宫将蟠桃盛宴搅了个人仰马翻。王母娘娘的仙酒洒了一地,仙果被弄得七零八落。仙果滚下仙桌,穿过云层掉入人间,落在了崔庄田园内。后来这仙果便在崔庄地上生根发芽长成了苍翠的冬枣树。

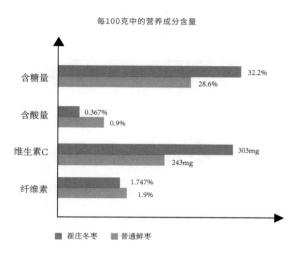

每100克中的营养成分含量

图 13 崔庄冬枣与普通鲜枣的营养成分对比(数据来源 2020 中国食物成分表)

这"仙果"营养价值极其丰富,含有天门冬氨酸、苏氨酸、丝氨酸等 19 种人体必需的氨基酸,有"百果王"之称。我们将冬枣与普通鲜枣的营养成分对比,结果如图 13 所示。冬枣的含糖量更高,而含酸量更低,并且纤维素含量较低,这决定了冬枣吃起来会更加甘甜爽口;维生素 C 含量比普通鲜枣要高出 25%,有"活维生素丸"之美誉。

随着栽培与储运技术的发展,我们现在可以品尝到的鲜枣品种有多个,现将市面上常见的青枣、苹果枣与冬枣做一个对比,如图 14 所示。从外观、质地、甜度、香气、口感五个维度分析,冬枣适合喜欢香甜脆枣的消费者,而苹果枣质地奶白多汁,更适合喜欢更多汁水的消费者,青枣则适合控制糖分摄入的消费者。

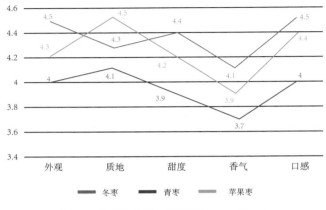

图 14　冬枣与青枣、苹果枣各项指标对比

　　冬枣因其成熟较晚,采摘于秋末冬初而得名。据《本草纲目》记载,冬枣具有"味甘无毒、主心邪气、安中健脾、平胃通窍、滋补养颜、久服轻身、延年益寿"之功效。民间流传着食崔庄冬枣"内润六和肝肠,外通八极清气""日啖一粒,红颜常驻"的说法。崔庄冬枣皮薄核小,细嫩多汁,甘甜清香,营养丰富,落地即碎,凡尝过之人,无不为其独特品质所倾倒。

　　精于管理的崔庄人偶得变异枣芽,以嫁接等方式培养,经年累月终于培育出冬枣这一枣中精品。崔庄冬枣以其"个大皮薄、核小汁多、色泽鲜艳、肉质酥脆"等特点而渐成宫中贡品,被称为"枣中极品,百果之王",从此声名鹊起、身价百倍。

　　三千顷田园如画,六百年冬枣飘香。崔庄古冬枣园毗邻荣乌高速公路,面积约3000 亩,其中古冬枣核心区面积 238 亩、新枣试验区 1300 亩。600 年以上枣树 168棵,400 年以上枣树 3200 棵。有些干瘪的树干上虽然满是岁月沧桑的痕迹,但至今依旧枝繁叶茂。

2014年,崔庄古冬枣园入选第二批中国重要农业文化遗产,这也是我国成片规模最大及保留最完整的古冬枣林。为保护好这个重要的国家农业文化遗产,崔庄村开展了古枣树保护性复壮改造的工程,让古枣树重新焕发青春。近年来,崔庄村在枣林安装了水肥一体化的滴灌,不仅可以节约水源,还能使肥料通过水携带着直接浇灌到树体下面,让树根直接吸收养分。除了水肥一体化滴灌系统,崔庄村还对3200棵古枣树进行了树冠树干更新及嫁接。

目前,古冬枣树是国内唯一的植物类重点保护文物,中国文物学会的名誉会长彭卿云更是把古冬枣树评价为国内唯一的植物类"国宝",是"活态"的文物。崔庄冬枣有着悠久的历史文化渊源,是岁月沧桑、历史变迁的见证,如今仍显示出极强的生命力。

崔庄冬枣不仅具有较高的营养和经济价值,从保存现状和规模方面衡量还具有较高的文物保护价值。崔庄古冬枣园生态系统以冬枣为核心,包含蔬菜、玉米、花生等农作物,杏、苹果等经济林木,木槿、黄杨等绿化树种以及各种野生植被和野生动物。

近年来，依托这片拥有六百多年历史的古冬枣林，崔庄人开始发展冬枣旅游产业。在政府支持下，崔庄建成了皇家枣园。游客在此不仅可以摘枣、听戏、观光，还能看展览、住农家院，崔庄古枣园人气越来越旺，每年来这里的游客也越来越多。除了建设各种枣园景点外，天津市滨海区大港街不断地挖掘冬枣文化，推出了崔庄"冬枣文化节""枣花姑娘评选"等活动。"崔庄冬枣"在国家商标总局成功注册地理标志农产品，并且被评为"全国名、特、优、新农产品""全国特色农产品"。崔庄也因为冬枣产业而获得了"全国一村一品示范村镇""全国青少年农业科普示范基地""全国休闲农业与乡村旅游示范点""全国清洁能源村""全国休闲美丽乡村""全国休闲农业典型示范点"等荣誉称号。2014年天津滨海崔庄古冬枣园被农业农村部列入"中国重要农业文化遗产"名录并纳入"全球重要农业文化遗产"预备名单。

天民蔬果

　　武清区南蔡村镇枭粮务村历史悠久,自辽代成村,枭粮务村距大运河 2 千米,被运河文化千年底蕴所浇灌,南蔡村镇枭粮务村土地肥沃,沟渠纵横、水系发达,灌溉基础设施良好,自古就是有名的粮米生产与交易之地。枭粮务村名字中"粮"取自漕运码头及仓廒设施,"务"出自漕粮督运、税收机构。元代年间枭粮务村有着一段作为粮米交易地、繁华兴盛的经历,是昔日有名的粮米交易之地。至今村内仍留有百年老宅,让人在历史发展的长河中尚留一份追忆。武清北部历来是土地肥沃的粮食主产区,这里的农民勤劳、质朴,有着丰富灿烂的农耕文化。

　　枭粮务村番茄种植历史悠久,村民拥有着丰富的种植经验和乐观的市场信心。随着人们日益增长的物质需要,口感番茄成为市场上的新宠儿。园区紧跟市场需求,于 2017 年引进口感番茄品种种植,开始探索口感番茄的种植技术新模式。

　　2019 年,园区选出 7 个配套最完备的温室大棚作为实验棚,引入和自主培育口感番茄新品 14 个,涵盖大、中、小、红、粉、黄等各种果型、颜色,采用自然土培和基质栽培两种模式展开试验示范。同时,与天津市农科院、天津农学院深度合作,聘请蔬菜培育专家进行全程指导,在种植过程中兼顾番茄的商品品质和感官品质,用天然含盐分卤水灌溉,盐的神奇"胁迫"作用,让营养与口感更丰富,让糖分更多积累;使用熊蜂授粉,让番茄果实果肉更扎实、汁液更丰富、富含种子;利用益生菌占位除虫害,让果实零农残、更安全。与同类产品相比,技术控制更精准,商品率高,采取番茄矮化密植技术和水肥高效调控技术进行番茄品质提升,增加光照时间和强度,调节增加昼夜温差,让糖分更多积累,使鲜食番茄可溶性固形物、可溶性糖和生产效益分别提高了 20% 以上。

2010 年,天民蔬果合作社成立,2016 年建成农业农村部蔬菜设施标准园 500 亩,命名为"天民田园"。园区坚持质量安全首位原则,设有无公害蔬菜农药残留快速检测中心,主栽品种全部通过了绿色认证,100% 推行标准化种植技术,实现了质量安全全程可追溯。园区以"科技兴农、助农增收"为宗旨,以打造京津冀都市圈的"一小时果蔬园"为发展定位,设有甘蔗西瓜套种基地、林果采摘、瓜菜采摘及畜牧养殖四大功能区,是集科普教育、休闲采摘、养生娱乐为一体的现代化示范园区。

天民田园农业设施配套齐全,拥有日光温室、冬暖式棉被大棚和春秋冷棚等,保障全年果蔬种植、采收、上市不断档,尤以冬春季节为产销旺季。园区主栽品种有番茄、黄瓜、西瓜、草莓、青萝卜、香芹、茼蒿等。核心明星产品有口感番茄、水果黄瓜、手掌西瓜、红白草莓、甘蔗等。

　　天民田园生产的番茄、青萝卜、草莓均被中国绿色食品发展中心认定为绿色食品 A 级产品。园区种植的口感番茄和黄瓜先后在 2020 年、2021 年"京津鲜食番茄擂台赛""京津冀黄瓜擂台赛"上获得一等奖、擂主奖以及最受市民欢迎奖等。番茄种植基地于 2021 年 12 月被农业农村部认定为全国首批种植业"三品一标"基地。

　　天民田园先后被评为农业农村部设施蔬菜标准园、全国巾帼建功先进集体、国家农民合作社示范社、全国首批 100 个种植业"三品一标"基地、天津市巾帼现代农业示范基地、津菜进京示范基地、天津市知名农产品品牌企业和天津市抗疫保供脱贫攻坚先进单位等荣誉称号。

大顺花卉

提起"宝莲灯",很多人会想到中国的一个神话故事,那便是沉香劈山救母。故事讲述了神仙三圣母与凡间书生刘彦昌违背天条结为夫妻,生下沉香一子后被二郎神压在华山之下,沉香长大后,勤学苦练功夫,劈开华山,救出母亲的故事。这"宝莲灯"便是三圣母的法器,传说拥有它就拥有了至极仁义的能量,就可以引动其撼动天地、逆转乾坤的仙力。

如今有一种以"宝莲灯"为名的花卉,正因其独特的魅力、美好的寓意而在国内走红。宝莲灯学名粉苞酸脚杆,野牡丹科酸脚杆属,原产于非洲和东南亚热带雨林,最早是由荷兰人驯化栽培,并形成商品化的高档盆栽花卉,现我国引进栽培。宝莲灯其花苞呈粉红色、蜡质,具有珍珠光泽,似莲花花瓣,且花苞倒挂入灯。

宝莲灯是野牡丹科酸脚杆属中最豪华美丽的一种,常被视为"虔诚、仁爱、温顺、美满"的象征。此外,经国家室内车内环境及环保产品质量检验检测中心检测,宝莲灯室内除甲醛率为80%,去除TVOC(总挥发性有机化合物)率为14%,去除苯率为10%,是优良的室内空气净化花卉。

天津市的宝莲灯引种最为成功的要属天津市东信国际花卉有限公司,原名大顺国际花卉有限公司,其创办了"大顺"品牌花卉。2000年"大顺"品牌花卉创始人杨铁顺同志从荷兰引进种苗进行试验性栽培。为了满足我国消费者对株型和花色偏向于红色、植株高大和饱满的需求,公司经过20余年的潜心研究,运用化学药剂结合物理方法进行诱变,从变异群体植株中筛选出"深粉色",后续又从"深粉色"群体中筛选出了"宝石红",经过多年的栽培观察,宝莲灯越发性状稳定,抗逆性强,耐高温,生长势强,培育周期短,株型饱满紧凑。"大顺"品牌宝莲灯色彩艳丽,株型美观,深受国内外消费者的喜爱,先后参加过 50 余次全国性质花卉展销会,并于 2023 年亮相天津夏季"达沃斯"论坛。

"大顺"品牌宝莲灯主要有浅粉色和深粉色两种。

宝莲灯花(浅粉色):浅粉色宝莲灯花相比较于深粉色宝莲灯花更像是豆蔻年华的少女,仙气飘飘,娇羞可爱。叶片相比于深粉色宝莲灯更加细长,叶片边缘呈明显的波浪状。浅粉色宝莲灯花花期长达三个月之久,非常适合在阳台、客厅、大厅等光线充足的场所种植。宝莲灯花株形优美,灰绿色叶片宽大粗犷,粉红色花序下垂,每两层苞片之间悬吊着一簇樱桃红的花,具有很高的观赏价值。浅粉色宝莲灯不管是在家里点缀家居,赋予美好的希望,还是赠送亲友,表达美好的寓意和祝愿,或是放在工作场所如商场橱窗、宾馆厅堂等地,都非常适合。

　　宝莲灯花(深粉色):别称珍珠宝莲、美丁花,原产菲律宾,叶面绿色有光泽。宝莲灯(深粉色)自然开花期在 2 至 8 月,花期可持续 3 至 5 个月。"大顺"品牌深粉色宝莲灯可以终年开花。深粉色宝莲灯花穗状或花序下垂,形似吊灯,花外有粉红或红色总苞片,小花多个,红色花序从两片叶子中间倒垂而下,层叠盛放,色泽鲜艳,花色偏玫瑰红色,株型整体比较紧凑。深粉色宝莲灯富贵华丽、气质出众,适合室内进行观赏,可以点缀在宾馆、厅堂和客厅等处。

　　为保证宝莲灯的质量,公司筛选出优质植株作为母本进行养护,建立了母本群体 5 万盆,母本人为干预只进行营养生长。从母本上采取插条,扦插繁殖种苗,培育成为成品花卉,建立了大顺宝莲灯母本培育及扦插繁殖技术,2018 年经天津市科学技术委员会组织专家鉴定其技术达到国内领先水平。

除了优质的宝莲灯,公司还有红掌、竹芋、火鸟蕉、口红吊兰等盆栽花卉,现列举几种明星花卉。

碧卡秋竹芋:竹芋科肖竹芋属的多年生草本植物,高可达 80 厘米。因其多枚苞片组成的花序,形似荷花,又名荷花肖竹芋。碧卡秋竹芋是 2010 年面世的新品种竹芋,受到广大花友的热烈欢迎,这一品种改变了竹芋只能观叶不能观花的弊端。碧卡秋竹芋的叶片有羽毛状美丽的纹路,开出的紫色小花也清新可爱,花期能长达 4个月,且能够不间断出花。

青苹果竹芋:竹芋科竹芋属多年常绿的草本植物,根出叶,丛生状,植株高大,可达 70 厘米。青苹果竹芋是较为常见的竹芋品种之一,原生地在南美巴西等国,株型美观,叶柄为浅褐紫色,中肋银灰色,花序穗状,叶形浑圆,叶色青翠,清新宜人,远观之就像一个青翠可人酸甜可口的青苹果,叶片上还排列着整体的条纹,具有极高的观赏价值,非常适合作为中型盆栽装饰居室。

美丽竹芋:竹芋科肖竹芋属多年生草本观叶植物。原产地厄瓜多尔、秘鲁等地,是肖竹芋属中与玫瑰竹芋齐名的两种色彩最鲜艳的品种之一。美丽竹芋的叶片从根基丛生出来,叶柄挺直。叶子的形状是卵形的,颜色呈绿色十分清爽。美丽竹芋的叶子上有羽毛状的纹路,叶背叶柄都是红褐色,整体看起来十分好看,所以才有了美丽竹芋这个名字。其适宜于室内盆栽观赏或做庭院绿化。

　　始建于 1991 年的天津市东信国际花卉有限公司,现已发展成为花卉种植、种苗繁育、新品种研发、线上线下销售、智能温室研发设计、加工、制造、安装工程等花卉全产业链企业,是全国十佳花卉种植企业、中国驰名商标、全国农业农村信息化示范基地、是中国智能化温室生产花卉规模最大的花卉企业。公司荣获 2007—2009 年全国花卉交易会金花奖;2009 年第七届中国花卉博览会获四金三银;2017 年第九届中国花卉博览会获五金五银;2019 年北京世界园艺博览会获三金三银、2 个一等奖;在 2020 年全国盆栽花卉评比中获"金花奖";2021 年第十届中国花卉博览会获 3 个特等奖、6 个金奖。

04

津农良畜·畜禽篇

花入羽鹊山鸡

在十二生肖当中，属禽类的只有一种，那就是鸡，为什么自古人们就对鸡情有独钟呢？鸡受到人们喜爱的一个重要原因便在于它的食用价值。

中国自古讲"六畜"，"马牛羊，鸡犬豕豚。此六畜，人所饲。"六畜中鸡的体型最小，最易喂养，是大多数人家能养得起的"畜"。吃鸡，是所有中国人根深蒂固的情结，国人的吃鸡历史已有七八千年，正所谓"无鸡不成欢、无鸡不成宴"。看一看饮食习惯排序里面，只有说鸡鸭鱼肉的，没有说肉鱼鸡鸭的，我们便能够从中看出鸡在我国膳食中的地位，正如清代美食家大诗人袁枚所说的那样："鸡功最巨，诸菜赖之。"

中国人对鸡的依赖还表现在药用上。人们生病了时常要喝鸡汤来调理，也有一些以鸡入药的，比如乌鸡白凤丸。

中国人对鸡喜爱的另一个原因就是鸡具有报时的功能，在《三字经》当中有这样一句话："犬守夜，鸡司晨"，司晨其实就是报晓的意思。中国人喜欢鸡，因而赞美鸡。唐朝徐寅《鸡》诗云："名参十二属，花入羽毛深。守信催朝日，能鸣送晓阴。峨冠装瑞璧，利爪削黄金。徒有稻粱感，何由报德音。"

天津市蓟州区东山鹊山鸡养殖专业合作社旗下的鹊山鸡品牌——"花入羽"就取自这首诗，初听让人有清丽典雅之感，细品诗句又让人从中领悟到坚守、感恩的含义。"花入羽"鹊山鸡至今基本保留着祖先雉的一些特征，体型健美苗条，羽毛鲜艳漂亮。

鹊山鸡是我国历史上特有的优质鸡种,其养殖史可追溯到两千多年前的春秋战国时期,由我国古代被称为神医的扁鹊优选当地的良种雉(山鸡)驯化而成。其可以作为药引使用,在治疗一些虚弱病症中取得了很好的疗效。

鹊山鸡性情活泼,善于奔走而不善飞行,喜欢游走觅食,奔跑速度快,高飞能力差;食量小,食性杂,胃囊较小,容纳的食物也少,喜欢吃一点就走,转一圈回来再吃。鹊山鸡抗病力强,耐高温,抗寒冷,在炎热的夏季能耐 32℃左右的高温,不怕雨淋,也不畏冷冬季能耐-35℃严寒。鹊山鸡 10 月龄左右性成熟,公鸡体重 1.5kg 左右,母鸡体重 1.0kg 左右,公鸡比母鸡早熟 1 个月。鹊山鸡具有较高的经济价值,从出生到育成,需要一年左右时间。鹊山鸡因为生长周期长,运动量大,所以肉质紧致细嫩,味道鲜美,营养丰富,其蛋白质含量高达 30%,是普通鸡肉、猪肉的 2 倍,脂肪含量为

0.9%，是猪肉的 1/39、牛肉的 1/8、普通鸡肉的 1/10，基本不含胆固醇，并且具有高钙富硒的特点。鹊山鸡母鸡一般三至四天产一枚蛋。蛋壳有粉、白、绿等多种颜色，形状比普通蛋略小，单枚体重 40~50g。蛋壳厚而有光泽，蛋黄大而饱满，蛋清纯净而浓稠。公鸡的羽毛艳丽，具有观赏价值，标本可以供教学、科研和展览用，还可以作为高雅的装饰品。

鹊山鸡野性强，能飞善跑，抗病力强，非常适合在山区养殖。天津市山鹊山鸡养殖专业合作社就位于蓟州区下营镇东山村，2011 年 1 月成立。合作社主要利用山地

果园,采用原生态自然放养的方式养殖鹊山鸡。合作社生态养殖基地占地面积 3000 余亩,存栏 5 万余只,是我国目前规模最大的鹊山鸡生态放养基地。负责人先后被命名为"全国首批农民创业创新优秀带头人""中国十大巾帼新农领军人物""中国绿色农业发展十大杰出人物"。

　　基地果园内不施化肥、不打除草剂等农药,鹊山鸡采用原生态自然放养的模式进行养殖。这种养殖模式不再把鸡看成生产产品的机器,而是充分尊重动物的天性、重视动物的福利。鹊山鸡每天生活在山野果园之中,享受充足的阳光,进行大量

的运动,饮纯净的山泉水,采食以野生虫草、水果为主,饲养中不添加任何激素、抗生素。鹊山鸡和鸡蛋是天然、绿色、营养、健康、放心的食品,尤其适合孕产妇、婴幼儿、老人食用。

产品取得了国家绿色食品认证和生态原产地保护产品认证。花入羽鹊山鸡及其鸡蛋连续荣获第十五至十八届中国绿色食品博览会金奖;荣获第十三、十六届中国国际农产品交易会金奖;荣获天津市 2016 年度优质农产品金农奖。"花入羽"品牌被评为"天津市农产品知名品牌""中国百佳农产品好品牌""中国生态原产地知名品牌"。

凤铭园鸡蛋

"秋风像一把柔韧的梳子,梳理着静静的团泊洼;秋光如同发亮的汗珠,飘飘扬扬地在平滩上挥洒。"这是诗人郭小川笔下的团泊洼。曾经的团泊洼,如今的团泊湖,这里风景秀丽,环境幽雅,地理位置优越,被誉为天津之肺,并列入"中国湿地自然保护区名录",定为天津湿地、鸟类自然保护区。团泊湖地区空气良好,温湿度适宜,为蛋鸡养殖提供了优良的生产环境。

世界卫生组织早在 20 世纪 70 年代初确认硒是人体所必需的微量元素,缺硒会导致克山病、心脑血管病、高血压综合征、肝病、糖尿病,儿童智力低下、老年痴呆、癌症等 40 余种慢性病高发,间接导致 400 多种疾病。我国的土壤 70%以上缺硒或严重缺硒,而且这些区域多为商品粮及其他作物基地,因此食物链中缺硒人群极为普遍。我们人体自身不能合成硒,食物中的硒是唯一来源。随着人们生活水平的提高,人们对于健康问题的重视和对补硒重要性的认识逐步提升,富硒鸡蛋将会得到更多人的青睐。富硒鸡蛋是从健康机体孕育而来,是纯天然的。不仅安全而且硒的含量高、稳定性好,可以说是一种健康经济的补硒方式之一。

天津市五谷香农业发展有限公司在蛋鸡养殖过程中利用酵母有机硒、多种维生素、中草药、纯豆粕等制成鸡的全价日粮，利用健康机体做转化工厂，使鸡在产蛋周期内维持动态平衡，持续地生产出富含硒蛋白的高硒蛋，其硒含量是普通鸡蛋硒含量的 6~10 倍。

公司长期聘请全国知名的专家教授作为顾问，并与天津大学、西北农林科技大学、天津农学院、天津市农科院畜牧兽医研究所等科研院所长期合作，着力开展健康养殖，安全生产，先后开发出富硒鸡蛋、DHA 富硒蛋等各种功能蛋。

公司成立于 2014 年，主营富硒鸡蛋、DHA 富硒鸡蛋、各种功能蛋以及有机肥料。到目前为止拥有现代化标准鸡舍 5 栋，蛋鸡存栏规模达到 20 多万只，全年向社会提供优质鲜鸡蛋 3600 吨。另外,公司于 2019 年建成有机肥车间四千多平方米,每年生产能力达 1.4 万吨。公司早在 2013 就开始研发富硒鸡蛋,经过多年的不懈努力,鸡蛋的硒含量已趋于稳定。坚持实施科学的饲养管理,建立健全的健康养殖保健程序,是保证鸡蛋品质的关键。

2017 年,"凤铭园"牌富硒鸡蛋被评为天津市知名农产品品牌;2019 年,公司被评为天津市农业重点龙头企业;2020 年,"凤铭园"被天津市农业农村委列入"津农精品"品牌;2017—2021 年公司连续 5 年被评为天津市食品安全和质量优秀企业;2021 年公司一次性通过质量管理体系认证(ISO 9001)。

迎宾冷鲜肉

　　"真诚"成就"老味"。在天津买火腿酱货,大部分人的第一句话就是:"有二厂的吗?"这里的"二厂"就是指原先的"天津食品二厂",现在的"天津二商迎宾肉类食品有限公司",劲道的老火腿、香甜的玫瑰肠、醇香的拐头……已经成为天津人餐桌上不可或缺的美食之一。漫步津城大街小巷,随处可见标有"二厂酱货"招牌的肉制品店铺,店铺生意兴隆,门庭若市。

　　"天津二商迎宾肉类食品有限公司"前身天津市肉类联合加工厂,始建于1953年。建厂初期的厂名是"华北区食品出口公司天津第二食品加工厂",后改称"天津市第二食品加工厂(简称天津食品二厂)",1984年更名为天津市肉类联合加工厂,2016年改制为天津二商迎宾肉类食品有限公司。

　　"迎宾"品牌生猪养殖基地,有着标准化生猪屠宰加工生产线,装备一新的现代化熟肉制品生产车间,全程低温冷藏和物流配送系统,以及连锁经营"迎宾放心肉"营销网络,配合日臻完善的食品安全信息可追溯系统,构成了"迎宾放心肉"从生猪养殖源头到产品销售终端完整的产业链。

　　公司生猪屠宰车间引进荷兰施托克(STORK)公司的生猪自动宰杀机械设备,可进行全程自动化、连续化作业。中式、西式和对外出口三种肉制品深加工车间相对独立,关键设备引进国际先进适用技术。冷库为单体四层风冷式冷库,冷凝系统配有全热回收装置,实现了能源二次利用。检化验中心按照国家级实验室标准建立,引进国际先进的检化验仪器设备。

　　天津二商迎宾肉类食品有限公司已建立检疫申报制度、生猪进厂登记制度、待宰静养巡查制度、肉品品质检验制度、瘦肉精检测制度、动物疫情报告制度、肉品质量追溯制度等生猪屠宰管理制度,确保生猪在屠宰全过程中得到控制。公司已建立生猪屠宰 ERP 管理系统,配备必要的信息化终端设备和软件系统,同时可在天津市放心猪肉质量安全全程监管可追溯系统中放心猪肉质量安全全程监管平台上进行信息化同步操作。目前,从生猪进场、静养检验、送宰检验到宰后检验无害化处理等全部实行信息化管理。迎宾冷鲜肉采用冷却排酸、冷分割加工工艺。在冷鲜肉分割车间,白条肉经过 12~24 小时预冷排酸,待到中心温度达到 7℃以下时进行分割。迎宾冷鲜肉始终处于 0~4℃的低温控制下,经历了充分的"成熟"过程,产生鲜味物质,经过排酸后的肉的口感得到了极大改善,味道鲜嫩,营养价值高。

公司先后获得了 HACCP、ISO 9001、ISO 22000、ISO 45001、ISO 14001 等质量管理体系认证,具备生猪屠宰定点许可证、动物防疫条件合格证、食品生产许可证资格。

如今的天津二商迎宾肉类食品有限公司是天津食品集团旗下的大型国有肉类联合加工企业,是落实天津市政府工业战略东移规划和放心食品工程、菜篮子工程而改制的新公司,是集生猪养殖、屠宰分割、生熟肉制品深加工、冷藏储运、连锁专卖、食品检测等生产经营项目于一体的规范化、规模化、现代化企业。

"迎宾"牌肉制品被商务部和天津市商务委认定为"中华老字号"和"津门老字号",并成为北京奥运会、第十三届全运会和第十届残运会肉制品特供企业。享誉津门的"迎宾牌"生、熟肉类食品,深受天津百姓的喜爱,为公司赢得了荣誉。

望月牛羊肉

在中国悠久的历史中，很长一段时间内，牛肉都被视为最高级的祭品，位居祭祀大典所用的"三牲"之首。同时，牛又是重要的农耕畜力，受到格外保护。《礼记·王制》有记载，"诸侯无故不杀牛"。在秦代，秦始皇统一六国后，更是下令民间不能私宰耕牛。一直到了近现代，牛肉在中国才真正走进了寻常百姓家。

中医认为牛肉有补中益气、滋养脾胃、强健筋骨、化痰息风、止渴止涎的功能，适合中气下陷、气短体虚、筋骨酸软及贫血久病人食用，而且牛肉性平、味甘，能滋养脾胃。寒露节气天气转寒，尤其可以吃些牛肉。

食用羊肉流行于魏晋之后，当时大量胡人定居华北地区，南北朝时期的《洛阳

伽蓝记》称"羊者是陆产之最"。北魏时期的《齐民要术》与唐末五代初期的《四时纂要》，这两本中国古代重要的农书对养羊的重视程度远远高于养猪。建立唐朝的李氏家族拥有鲜卑族的血统，皇族、贵族都更爱吃羊肉，民间食羊之风渐盛。

羊肉是我国人民食用的主要肉类之一，其肉质细嫩，脂肪及胆固醇的含量都比猪肉低，并且具有丰富的营养价值，因此，它历来被人们当作冬季进补的佳品。多吃羊肉还可以提高身体素质，增强抗疾病能力，所以现在人们常说"要想长寿，常吃羊肉"。

《本草纲目》中指出，羊肉性温，味甘，具有补虚祛寒、温补气血、益肾补衰、开胃健脾、补益产妇、通乳治带、助元益精之功效，主治肾虚腰疼、病后虚寒、产妇产后体虚或腹痛、产后出血、产后无乳等症。

　　吃羊肉和牛肉对于我们的身体来说是比较好的,牛肉富含维生素 B6、游离肉碱、蛋白质以及钾元素,而羊肉有很好的改善贫血,帮助男性补肾壮阳的功效,这两种食物都有较好的保健作用。

　　中华人民共和国成立后,随着中国经济发展、人口总量增加、居民收入提高,中国牛羊肉消费呈稳步增长态势,天津市也不例外。为保障广大市民,尤其是少数民族市民对牛羊肉购买的需求, 1954 年天津市牛羊肉加工厂于 1958 年在北郊区韩家堡建成并且投产,主要以清真牛羊肉屠宰、深加工为主,承担着天津市人民副食供应的主要任务。加工厂先后改称为天津市食品公司第三加工厂、天津市牛羊肉类加工厂、天津市第三食品加工厂。当时,全厂设有速冻食品、牛羊屠宰加工、对日出口等 7 个分厂产品,出口产品包括:水煮牛肉、水煮牛舌、熏烤鸭胸、烤鸭、牛肉制品罐头等,共计为 8 大类 108 个品种。内销产品包括具有传统工艺、传统配方、清真特色的酱制品:酱牛肝、酱牛舌、酱牛肚、酱牛蹄筋、清炖牛肉、酱牛腱、酱牛肉、酱牛板筋八种产品。产品在国内对享有较高的声誉。

　　2018 年,天津市人民政治协商会议(前称市政协)要求天津食品集团有限公司落实"让清真消费者吃上放心牛羊肉"的政协提案,恢复天津市第三食品加工厂生产。2020 年,市政协"加强民族食品生产加工销售体系建设"座谈会召开,会议肯定了天津食品集团有限公司"外埠生产基地+天津城市配送中心"思路,天津天食望月清真食品有限公司应运而生。公司隶属于天津食品集团,是根据天津市委市政府满足全市各族群众吃上"放心的牛羊肉"的要求,在天津市多家食品工厂的基础上组建的,以为大众提供安全、优质、健康食品为目标,全力打造"从田间到餐桌"食品全产业链。

"望月"牛肉来自目前中国最佳的天然牧场之一——位于内蒙古北纬41°~45°的黄金畜牧带上。这里地势起伏和缓,草原广阔无边,独特的地理位置与气候环境使这片土地具有得天独厚的养殖优势。牧场远离污染,土质肥沃,降水充裕,牧草种类多达900余种,为培育优质肉牛提供了丰足的畜料资源。

牧场采取标准化管理、科学喂养、严格防疫、逐头检验。牧场选取优质饲料,科学配比,绝不使用有药残和激素类的药品的饲料,确保每一头牛都能吃得健康。秉承自然生态规律的养殖理念,使其在饲养过程中自然成长,健康育肥。

"望月"肉牛为瑞士西门塔尔牛与内蒙古本地黄牛杂交而培养出的更为优良的品种。"望月"牛肉在生产过程中采用国际上先进的胴体预冷排酸工艺,严格按照相关清真屠宰方式进行加工。深加工产品(牛排产品)选用优质原料、秘制工艺、烹饪便捷、低温锁鲜、肉质鲜嫩。冷冻(冷鲜)产品精选优质原料,采取高效制冷工艺,最大程度保留肉的营养成分,并且严格把控冷储条件,确保新鲜。

　　"望月"品牌的核心产品为冷冻(冷鲜)产品、传统清真熟制产品、深加工牛排系列产品等。

　　望月公司提供多种生鲜类产品,如牛里脊、牛腩、牛霖、牛上脑、牛肋条、牛腱子等各种部位产品,总体特点:安全新鲜、排酸、无水。望月公司精修牛肉块、分割肉、筋头巴脑、牛肋条、牛腩等定量产品深受团膳和餐饮企业的青睐。同时经营多种高端贴体原切牛排产品:极佳眼肉牛排、极佳西冷牛排、精选眼肉牛排、精选西冷牛排等。熟食产品在老的食品三厂的基础上,传承老的清真食品制作工艺,按照清真食品的要求来制作每一种产品,同时根据市场消费者的最新需求,不断研发出新的清真食品。

　　"望月"清真酱制品秉承清真食品传统,坚持以匠人精神继承传统工艺,由食品专家对制作工艺进行指导,选用优质原料,采用传统清真酱制品工艺,原香浓郁、鲜味浓厚、口感丰厚。

五大湖鸡蛋

在加拿大和北美的交汇处,一万多年前覆盖住大陆的两千米厚冰川裹挟着泥沙和石块,以强烈的刨蚀作用冲击出了闻名于世的五大湖——苏必利尔湖、休伦湖、密歇根湖、伊利湖和安大略湖。这里气候严寒、土地肥沃、天然原生态,采用严格轮休播种,孕育出了品质优良、营养丰富的亚麻籽。这里的亚麻籽是世界公认的高品质产品。亚麻籽产量小、珍贵但营养价值丰厚:富含膳食纤维,且产品中含丰富的欧米伽-3 不饱和脂肪酸、木酚素、维生素 E 等营养成分,能够满足人体日常营养摄入。

金亚麻农业科技有限公司生产的"五大湖"鸡蛋,其鸡饲料中添加的亚麻籽便产自五大湖。2015 年春节期间公司董事长张春洪先生去加拿大和美国考察,发现各大商超含欧米伽 3 类的食品种类很多,其原料就来源于五大湖亚麻籽产地。此地的亚麻籽欧米伽-3 不饱和脂肪酸含量很高,仅次于深海鱼油,非常适合现代人的群体。

此后两年间张春洪先生又到此地进行多次考察,发现人体对含欧米伽-3不饱和脂肪酸吸收得最好的食品是鸡蛋。

公司与中国农业科学院饲料研究所共同研发,合理调配亚麻籽鸡饲料,鸡食用后产蛋检测欧米伽-3不饱和脂肪酸含量达到200多微克,这种独特性是其他鸡蛋和蛋品所不具备的。2017年问世的五大湖欧米伽鲜鸡蛋,鸡蛋外观呈白色或粉色,蛋表洁净、平均重量50g,蛋液黏稠度高而且清澈、蛋黄大小适中,水分低、更富有胶原蛋白。鸡蛋入口清爽味香不腻,余味绵长。鸡蛋口感独特,欧米伽3不饱和脂肪酸含量超过普通鸡蛋数倍。

公司地处北辰区西堤头区域,隔开永定新河,毗邻七里海,张春洪先生对七里海有着浓浓的家乡情怀,便着力打造了"七里海"品牌鸡蛋。七里海鸡蛋的特点侧重七里海风土人情饮食情结,产品有七里海农家蛋、柴鸡蛋、土鸡蛋、初产蛋、鲜鸡蛋等。饲料主料来源于公司的种植基地,饲料配方与中国农业科学院饲料研究所共同研发,合理调配鸡饲料组分,使鸡蛋富含多种不饱和脂肪酸,外观呈白色,蛋表洁净、平均重量50g,蛋液黏稠度高而且清澈、蛋黄大小适中,水分低。形成了七里海品牌鸡蛋的独特性和土特鲜的农家味。

两种鸡蛋的养殖基地气候属于暖湿带半湿润季风性气候,四季分明,春秋气候风多雨少,夏多雨量集中,秋季冷暖适中,冬季寒冷干燥。境内水资源丰富,汇集金钟河、永定新河、永金引河、华北河等六条河流。养殖园区东临华北河,西邻百亩桃园、蔬菜果园大棚、金亚麻农业有机肥厂,北邻革命军事基地土山、金亚麻农业温室大棚区;南邻金亚麻大田种植基地,独特的自然环境使金亚麻公司生产的鸡蛋独具特色。

蛋鸡养殖鸡舍引进"大荷兰人养殖设备公司"20条全智能自动化养殖生产线,温度控制、环境控制、通风控制完全由中央电脑控制,鸡蛋自动输入蛋库清洗包装。鸡舍内部建有4条全自动化育雏设备生产线及自动加温、自动喂料、自动喂水、自动除粪、自动加湿、自动集蛋等现代化设备。公司有种植基地200亩,生产的小麦、玉米用于公司蛋鸡养殖饲料；蔬菜温室大棚 14 个，生产多品种原生态蔬菜以满足广大市民的生活需求。

随着我国居民生活水平提升与消费结构升级，价格对于消费者选购鸡蛋的影响逐渐降低，取而代之的是更高的产品品质和品牌知名度要求，鸡蛋消费向高品质趋势发展。新一代消费主力以儿童、学生、妇女、老年为主，产品结构偏重新鲜、健康，可生食鸡蛋、无菌蛋等将更符合多样化饮食的鸡蛋品质要求，金亚麻生产的"五大湖""七里海"等品牌的高品质、绿色健康鸡蛋越来越受到消费者的喜爱。

家爱格鸡蛋

鸡蛋是家中必备的食材之一,既可以做辅食也可以做主料,吃法更是多种多样,如今随着人们的消费升级,鸡蛋的品类也越来越多,散养蛋、土鸡蛋、富硒蛋、初产蛋,等等,鸡蛋品牌也是不胜枚举。在众多的蛋类品牌中,家爱格凭借其优异的品质赢得了广大消费者的喜爱。

家爱格鸡蛋具有以下四项突出优势：

1. 鸡群饲养使用全素谷类饲料，更安全。

2. 按正常免疫程序使用疫苗预防疾病，鸡群体质强壮，抗病力强，产蛋更安心。

3. 中药增强抵抗力，不使用人工合成抗生素，无药残、更健康。

4. 不使用人工色素及激素等非营养添加剂，更天然。

家爱格放心鲜鸡蛋的生产理念就是健康安全，无残药、无激素、无非营养性添加剂、外观天然色彩，蛋清黏稠，香味自然，含有人体所需的优质蛋白质、脂类、碳水化合物、矿物质和维生素等营养物质，较肉类更易消化吸收。

每一枚合格的家爱格鸡蛋都要经过 10 道工序、6 道检测，才能送到消费者的餐桌上。

10道工序

6道检测

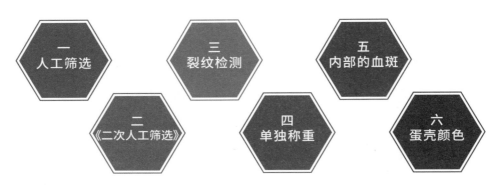

有安全才有健康，有健康才有未来。为了满足天津市民菜篮子需要，为都市百姓提供更多优质、健康的禽蛋产品，天津市广源畜禽养殖有限公司在原有蛋鸡场基础上扩建改造成标准化、规模化、自动化、现代化蛋鸡养殖基地，蛋鸡存栏量 200 万只，年产鲜蛋 3 万吨。

2015 年公司被评为天津市农业产业化重点龙头企业；2017 年 8 月第 18 届中国绿色食品博览会上荣获金奖，同年被天津市农村工作委员会评为第十三届运动会食材供应优秀基地和安全保障工作先进集体；2022 年公司获得了出口食品生产企业备案证明，同年被评为高新技术产业以及 2022 年度上海高校疫情防控保供突出贡献企业。

"家爱格"鸡蛋 2013 年经中国绿色食品发展中心审核认定为绿色食品 A 级产品，具有 ISO 9001、ISO 22000、HACCP、GAP 和无抗产品认证；"家爱格"品牌在 2019 年品牌农业影响力年度盛典活动中，被推选为"影响力产品品牌"。2023 年，"家爱格"鸡蛋经审核获得了可生食鸡蛋认证。

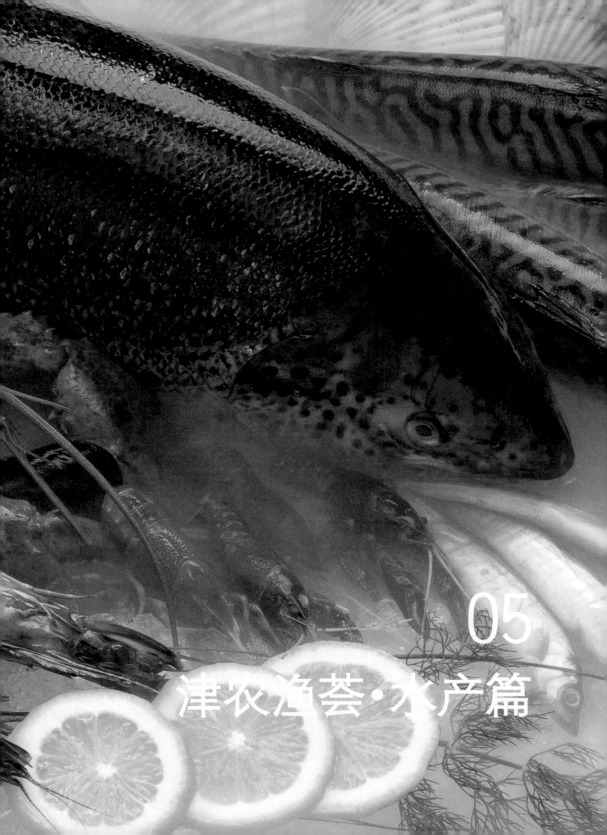

05

津农渔荟·水产篇

换新水产

　　一粥一饭当思来之不易，如今的中国人，乃至很多外国人民在吃饭的时候都会想起我们的袁隆平爷爷。而在天津呢，同样有一位为了千家万户的餐桌而奋斗了一辈子的人，如果没有他，我们的餐桌上可能会少了一条鱼，他就是被大家亲切地称为"鱼爷爷"的金万昆。

　　1932 年，金万昆出生在天津一个贫苦的渔民家庭。20 世纪 50 年代，20 岁出头的他走上了淡水鱼类育种研究、繁育生产、推广养殖第一线。当时北方少有淡水鱼养殖场。"换新"水产的历史就是"鱼爷爷"的一部艰苦奋斗的创业史。

1953 年党和政府把散落在蓟运河水域周边的个体渔民组织起来，成立渔业生产合作社时，芦台镇党委书记提议合作社起名为"宁河县芦台镇换新渔业生产合作社"，寓意是，翻身渔民今后用自己的双手改天换地，换来美好新生活，从此便有了"换新"的名号。金万昆带领"换新人"从蓟运河捞取野生鱼卵人工孵化鱼苗获得成功，鱼苗在里哪养殖呢？芦台镇党委决定将废弃的 20 口窑坑和一块"乱葬岗"荒地拨给"换新"，"换新人"男女老少齐动员，锹挖肩抬，将这些地改造成养鱼池塘，从此，祖辈漂泊的渔民有了固定的养殖基地。凭着一股干劲，他们首批养殖的 3 千尾鱼苗，长得又快又壮。

1957 年，敢为人先的金万昆，在当地政府部门的支持下，带领渔民创建集体渔场，取名"换新水产良种场"。随着社会主义建设发展和改革开放，换新渔场逐步发展壮大为市级、国家级水产良种场，从那时起，"换新"品牌一直沿用至今。

中国水产事业要发展,光靠捕捞是不行的,养殖势在必行,且还要有好种。20世纪60年代初,金万昆将获奖的3千尾"四大家鱼"育成鱼苗亲本并在换新繁育成功,在全国引起轰动。打破了日本学者"家鱼"不可能实现人工繁殖孵化的断言,推动了北方地区"家鱼"的大面积养殖。1976年唐山大地震使宁河县城遭到严重毁坏,震后县城重新规划,占用了换新原场址,换新渔场党支部以大局为重,舍渔场,顾全县,在芦台火车站南端的一块野草荒坡上,开始了第二次艰苦的建场创业,提出的口号是:"自力更生,战天斗地;勒紧裤腰带,建设大渔场。"经过一个冬春的奋斗,"换新人"硬是靠着一股顽强的毅力和精神,人工挖出养殖池塘50多个和配套沟渠,一个崭新的换新水产良种场重新站立在起来。

水产育种靠的是韧性和耐力,经过六十余年的努力,企业现已培育出十多个通过国家审定的水产新品种,拥有十余项国家发明专利。"换新",这个曾经的小渔场

也逐步发展成为我国北方重要的淡水鱼类优质苗种生产推广示范基地,年生产能力达 60 亿尾。

天津市换新水产良种场被评为国家级鲤鲫鱼类育繁推一体化种业企业、全国现代渔业种业示范场和全国水产健康养殖示范场。"换新"牌淡水鱼苗种荣获"国内知名"品牌、天津市农业名牌产品、优质农产品"金农奖"、天津市知名农产品企业品牌和"津农精品"。黄金鲫荣获第十六届中国国际农产品交易会参展农产品"金奖";津新鲤 2 号、黄金鲫、津新红镜鲤、津新乌鲫、芦台鲂鲌分别荣获第三届中国国际现代渔业暨渔业科技博览会、首届中国国际智慧渔业博览会"金奖"和"最佳创新奖"。

"换新"获得农业农村部审定并批准在全国推广养殖的水产新品种 11 个 (黄金鲫、津新鲤 2 号、津新鲤、乌克兰鳞鲤、墨龙鲤、津新红镜鲤、津新乌鲫、红白长尾鲫、蓝花长尾鲫、津鲢、芦台鲂鲌)。其中,津新鲤、津新鲤 2 号、乌克兰鳞鲤、黄金鲫、津

鲢 5 个国家审定水产新品种连续多年被遴选为全国渔业主导品种。"换新"牌精品鱼种如下。

黄金鲫

津新鲤2号

红白长尾鲫

津新红镜鲤

胭脂鱼幼鱼

胭脂鱼成鱼

黄金鲫:国家审定水产新品种。肉质鲜美,营养丰富;生长比普通鲫鱼快 2 倍以上,抗病抗逆性强,耐盐碱,饲料系数低;常规养殖亩产可达 1500kg。

津新鲤 2 号:国家审定水产新品种。生长快,抗病抗逆性强,饲料系数低,易起捕;肉质好,味鲜美,营养全。当年可养成尾重达 1kg 以上的商品鱼。

红白长尾鲫:国家审定观赏鱼新品种。畅销国内外观赏鱼市场。不易发病,易饲养,观赏性强,有"水中美人鱼"之称。

津新红镜鲤:国家审定水产新品种。体色艳丽鳞被别致,肉味鲜美,富含优质蛋白和胡萝卜素;抗病抗逆抗寒力强,饲料系数低,可食用兼观赏。

中国胭脂鱼:原生态高品质食用兼观赏鱼。肉厚味鲜、营养丰富,生长快、不易发病、摄食人工配合饲料能很好生长,好饲养,经济价值高,可增殖放流和池塘养殖。

昌翠水产

　　1988 年,我国国民经济处于全面上升时期,天津市人民政府实施了"菜篮子"工程,提出"苦干三年吃鱼不难"。宁河苗庄镇的苗家五兄弟带头承包了村集体 50 亩芦苇丛生的盐碱荒地,开始了艰难的创业历程。他们改变传统养殖方式,试养大规格鲤鱼鱼种获得成功,商品鱼提前一年出塘。接着,他们又改鲫鱼套养为精养,成功研究出鲫鱼精养模式。这两项改革,实现了亩产和亩收入的倍增,为解决天津市吃鱼难问题做出了贡献。

　　2000 年,兄弟 5 人正式注册成立天津市天祥水产有限责任公司,开始调整水产品养殖结构,用"工业化思维干农业",遵循"北鱼南移,海鱼淡养,洋鱼中养"的理念,坚持"引进一批,筛选一批,储备一批,推广养殖"的原则,引进培育抗病害、耐盐

碱、耐低氧、生长快的特色品种,积极探索新品种养殖技术,开发高效生态设施化养殖模式,陆续与高等院校、国家科研院所开展科技合作,吸纳引进国内外特色淡水鱼品种和先进养殖技术。

公司生产的"昌翠"牌特色淡水鱼,包括梭鲈、拉氏鲹、大口黑鲈、斑点叉尾鮰、大鳞鲃等多个品种,肉质鲜美,营养丰富。如主打品种梭鲈,是一种高蛋白、低脂肪、富含优质脂肪酸的淡水品种,其蛋白质与氨基酸总量为 41.56%,显著高于鳜鱼,决定鱼类鲜美程度的 5 种致鲜氨基酸含量可以达到 9.31%,高于虹鳟鱼的 9.11%,故有"淡水鱼王"之称。另外一种小型鱼类拉氏 鲹,其鱼肉中富含 8 种人体必需氨基酸,赖氨酸含量最高,其次为亮氨酸。赖氨酸有利于钙的吸收,促进个体发育、增强免疫功能。亮氨酸对于婴幼儿的正常发育和成年人身体内的氮平衡都很重要。

斑点叉尾鮰　　　　　　　　　　拉氏鲹

大口黑鲈　　　　　　　　　　　梭鲈

　　"昌翠"一直走精品战略,不断开发新技术,提高产品的附加值,靠技术来支撑口碑,通过"产、学、研"结合形成技术优势,不断提高全人工繁殖、苗种培育、成鱼养殖及活鱼储运等关键技术。构建的陆基圆池循环水养殖系统,攻克了"春繁秋收"的养殖模式,将半年养殖变为全年养殖;将一年一次出塘变为订单式渔业销售;将传

统养殖变为绿色高效养殖；将粗放型、经验型管理转变为精细化、网络化和智能化管理，真正做到商品鱼全年均衡上市，极大地满足了消费者对鱼肉的日常需要。

2009 年，"昌翠"商标被认定为天津市著名商标；2016 年，"昌翠"产地被认定为天津市无公害农产品产地；2017 年，"昌翠"被认定为市级知名农产品品牌、农业农村部无公害农产品；2020 年，"昌翠"升级为"津农精品"。

未来，"昌翠"还将延伸渔业产业链条，加强三产融合发展：实行加工带基地、流通促加工的发展模式，加快初级水产品转化，拉动水产养殖业的深度发展；积极构建"上有风车，中有光伏板，下有生态设施养殖，环有水稻田、葡萄园、桃园"的渔文化科普生态产业园，使"昌翠"成为中国北方现代都市型渔业全产业链发展的亮眼品牌。

珺淼锦鲤

天津卫素有饲养金鱼之风，从清末到民国初年，天津曾有专售金鱼的店铺二十余家，生意十分兴隆。其中不乏王丽生、"金鱼张"这样的传奇轶事。在每年腊月时节，胡同里经常传来洪亮的叫卖声："卖小金鱼儿来哟~"余声袅袅不绝，引得大人、孩子争相围观……

历史上，天津各条河流的水质不佳，但对养殖金鱼却有意料之外的好处。因金鱼以"怪"为美，不佳的水质促进了金鱼形体和色泽的异常生态变化，所以天津金鱼名闻全国。在清代，杭州人汪杭就曾在这里流连忘返，感慨之余写下《岁朝灵慈宫》："元日晴光画不如，灵慈宫外斗香居。琉璃瓶脆高擎过，争买朱砂一寸鱼。"

天津市精武镇观赏鱼养殖史已有四十年之久，得益于观赏鱼天然饵料丰富这一得天独厚的条件，所产硫金、红头等金鱼品种全国闻名。20 世纪末期，随着锦鲤养殖在国际市场上的风靡，位于精武镇的天津珺淼观赏鱼有限公司开始养殖锦鲤。

锦鲤原始品种为红色鲤鱼，红鲤作为观赏鱼类，在明代已非常普及，据传锦鲤起源于我国广西龙州锦鲤、江西兴国红鲤、浙江杭州金鲤，古代宫廷技师按照培育金鱼、锦鲫的方法筛选出来符合大众审美观的变异品种。早期锦鲤只是王宫贵族和达官显贵的观赏鱼，后来才在民间流传开来，人们将其看成是吉祥、幸福的象征，相传能为主人带来好运。锦鲤最早见于中国西晋时期的记载。中国古代宫廷最早从唐代开始就已经有大规模养殖锦鲤的记录，距今已有一千多年历史。

锦鲤于近代传入日本，并在日本发扬光大。经日本人民的长期人工选育，现已有一百多个品种,据文献记载,日本贵族最早将锦鲤放养在池中以供观赏,平民难得一见,初期叫"绯鲤""色鲤""花鲤",在第二次世界大战后改称"锦鲤"。1973 年作为中日两国人民的友好使者,日本锦鲤在我国安家落户。

锦鲤不仅有极高的观赏价值,还有着吉祥的寓意,以至被冠以"观赏鱼之王""水中活宝石"的美誉。在古代,民间有"鲤鱼跳龙门"的说法,是比喻中举、升官等飞黄腾达之事。人们认为锦鲤是一种十分有灵性的动物,而"鲤"字又与"利"谐音,所以锦鲤就是一种吉祥、前程似锦的象征。锦鲤的皮肤颜色十分绚烂好看,就像水中的牡丹一样,也叫"富贵鱼",因而也有吉祥、喜庆的意义。

"珺淼锦鲤"具备完善的现代化产业模式(种业繁殖模式+生产养殖模式+差异化销售模式+定制服务模式),形成了完整的锦鲤产业链;以养殖销售血统纯正、品

质优异的高端锦鲤为主,现拥有数百条高品质的日本锦鲤种鱼及种鱼梯队,并在国内外各项锦鲤赛事中获得大奖。"珺淼锦鲤"体格健美、色彩艳丽、花纹多变、泳姿雄然,具有极高的观赏和饲养价值。"珺淼锦鲤"花色繁多,有单色类、双色类和三色类,或白、或黄、或橙、或红、或黑,鱼跃池中,有如织锦。

　　天津珺淼观赏鱼有限公司总经理黄金奎师从中国锦鲤的第一人苏锷先生,对于锦鲤的养殖和培育具有独到见解,并致力于扩大锦鲤文化宣传。"珺淼"一名表面解释及深层寓意均为"水中君王"的含义,与"锦鲤"正好相得益彰,故取名"珺淼锦鲤",该品牌名由天津市著名文化学者冯骥才先生亲自题写。"珺淼锦鲤"曾荣获"西青区 2016 年区级优质农产品品牌""天津市 2019 年市级优质农产品品牌",后被认定为"津农精品"品牌。

　　"珺淼锦鲤"拥有可观的种鱼规模,种业基地繁殖中心种鱼数量多达五百余条,种鱼全部进口,主要为大日渔场、坂井渔场种鱼,且多条种鱼曾获得国内外多项大奖。为了保证鱼苗的品质,种鱼体型现状均以 80 厘米以上优选母鱼标准为原则,个别优质种鱼可达到 1 米以上巨鲤标准。养殖场自家产水花、夏花为全国各地养殖户提供了优质鱼苗,当岁及两三岁锦鲤体型健壮、质地优良、品相优美,可供应给全国各地锦鲤经销商,渔场还与国内外知名锦鲤养殖场建立长期合作关系,形成从日本到国内、国内从南到北的联合生产销售模式。"珺淼锦鲤"年产水花、夏花约 50 万尾。"珺淼锦鲤"还致力于开展学术交流、游学、培训、课外实践、专项合作研究等活动,通过展会、俱乐部、鱼友会等传播锦鲤文化。

七里海河蟹

"南有阳澄湖,北有七里海。"七里海的河蟹在整个华北地区享有盛誉。曾与"银鱼""芦苇草"齐名,被群众称为七里海"三宗宝"。根据《宁河县志》记载,宁河县特产银鱼、冰鲜、紫蟹,在明代已是贡品。明代通判范兆祥曾记载当时宫廷太监亲自收缴银鱼、冰鲜、紫蟹等贡品时的情况,"宫厂黄旗压境开""弦诵喧啾",百姓需"频年纳贡"。

七里海渔业资源丰富,生产历史悠久。境内中部地区,曾出土战国至汉时"陶网坠""丽蚌网坠"等各式渔具。两千多年前,当地已有人从事紫蟹捕捞活动,在滩涂煮盐的同时,又在河渠泽海中捕捞水鲜;至战国时期已颇具规模。

清代文人有诗赞曰:"丹蟹小如钱,霜螯曲如拳,捕从津淀水,载付卫河船……冗盍谋一醉,此物最肥鲜。"可见,明清时期七里海河蟹在中国特产中的地位和深远影响。七里海河蟹味道鲜美至极,文人墨客为之流连忘返。

七里海因为每年秋季盛产蟹虾,"居民呼之曰蟹秋"。前人有诗云:"非海偏名海,波涛纵大观。渔村环水聚,蟹舍绕流塞。"

20世纪60年代是七里海河蟹的自然增殖鼎盛时期,每年捕捞河蟹60余万公斤。秋季正值河蟹收获季节,傍晚,常常有河蟹从水田、芦苇、池边爬上来,沿街爬进农民院子。肥硕的七里海河蟹每天通过水路运至天津市区,当时用来包装河蟹的大苇篓上印着蓝色的十字标志,这蓝色的十字标志是七里海河蟹的象征,其价格远远高于其他地方的河蟹。

七里海河蟹因其营养丰富、蛋白质含量高、脂肪含量低,而深受京津冀地区百姓喜爱。七里海河蟹体形匀称,近方形,蟹体厚重,甲壳坚硬,有光泽。背部青灰色,腹部乳白色,蟹黄绛紫色,脂膏乳白色,蟹肉洁白细嫩,味道鲜美。七里海河蟹头部和胸部成一体,体长约 5.4 厘米、宽 6 厘米左右,体背有圆方形的背甲,呈青灰色。

相传当年唐太宗李世民还未登基时,落难于七里海的茫茫芦苇荡,胯下骏马陷足于软泥之中不得动弹,恰逢此时潮汐刚至,只只肥美的螃蟹涌潮而来,骏马恰好借其硬壳,蹄飞奔跑,所以七里海的河蟹壳上都有一个深深的马蹄印。河蟹腹部灰白色,较扁平,分七节,其形状雌蟹呈圆形,雄蟹呈凸起的三角形,所以雌雄蟹又俗称为"圆脐"和"权脐"或"尖脐"。七里海河蟹喜欢寄居在沟渠泥岸的洞穴里,穴道呈管状,与地平面呈 10°左右的倾角,深处有积水,洞穴长 20—80 厘米、直径 2—15 厘米,螃蟹可用来寄宿隐藏。

鉴别七里海河蟹要掌握一些"窍门",即一瞧、二掂、三捏。所谓一瞧:即先看河蟹的成色,真正的七里海河蟹是青背壳、灰白肚、褐棕螯、金钩爪,与其他地方河蟹有明显区别,一看便知;所谓二掂:即放在手上掂掂分量,真正的七里海河蟹的个体很沉,而同样的个体,其他河蟹分量则轻得多;所谓三捏:即将七里海河蟹拿在手中捏捏,真正的七里海河蟹长得很满,壳体、蟹爪很硬,而其他河蟹则捏起来壳体较软、瘪。

新鲜的河蟹味道鲜美,但是河蟹如果死了之后就不能再食用了,这主要是因为螃蟹一旦死亡,它体内的细菌就会大量繁殖,分解蟹肉,有的细菌还可产生毒素,引起食物中毒。如果新鲜的河蟹需要保存,最好拿绳子把蟹扎好,放入冰箱的冷藏室里,可以使活蟹保存较长时间。

安静的环境、适宜的气候、充足的水资源、优良的水质、丰富的饲料,为河蟹生长提供了优良的天然场地,得天独厚的养殖环境,使七里海河蟹具备了独特的风味。

七里海水源丰富,河流众多,水库、洼淀星罗棋布深浅适度,水质清新。七里海地域共有一、二级河道15条,总长度576.2千米,洼淀43个,总蓄水量达1.7亿立方米。河网与洼淀相接,呈现出"北国江南""水乡泽国"的大自然原始风貌。七里海浮游植物和浮游动物种类繁多,水体初级生产力较高。经采样调查,七里海地域池塘水体共有浮游植物86种、浮游动物38种、底栖动物15种、水生维管束植物17种。七里海的土壤以潮土为主,土质疏松湿润,土层深厚,质地黏重,富含氮、磷、钾、钙等营养成分。低盐度、微碱性、富含钙磷的水质使河蟹甲壳更加坚硬,味道也更加鲜美。

　　宁河区政府非常重视七里海河蟹品牌保护和产业发展,区政府积极引领河蟹养殖企业加大技术投入和科学管理,实现生产管理标准化、生产方式规模化,产品实现品牌化。天津市宁河区七里海河蟹养殖协会成立于2000年4月12日,是由天津市宁河区从事水产养殖、加工、流通、科研、服务和管理的法人和自然人自愿联合组成的行业性、地方性、非营利性的社会组织。协会在区政府指导下确定了苗种繁育、养殖生产、产品加工、市场销售、休闲垂钓、综合服务多头并进共同发展的新模式,形成"龙头企业+中介服务组织+基地农户"的河蟹养殖产业化新格局。

　　2002年,"七里海河蟹"被评为天津市名牌农产品。2006年12月22日,国家质量监督检验检疫总局批准对"七里海河蟹"实施地理标志产品保护。2010年3月,"七里海河蟹"拿到了国家商标总局颁发的集体商标注册证书(3104活蟹),所以,"七里海河蟹"是天津市宁河区特色农产品"河蟹"的集体商标,可以对符合当地行业标准的河蟹产品做背书和认证。

宽达水产品

火锅——中国独创的美食，历史悠久，战国时期就已有之，不仅是一道著名的"宫廷菜"，而且在民间也非常流行，一般是以水或者汤烧开来涮煮，其特色是边煮边吃，吃的时候食物仍热气腾腾，辣咸鲜，油而不腻，暴汗淋漓，酣畅之极，解郁除湿，汤物合一。随着火锅的发展，可以涮之而后快的食材也越来越多，畜肉类、海鲜类、蔬菜类、豆制品、菌菇、面粉主食，除了这些还有一类也是火锅必备，人们习惯地称之为丸子类，有鱼丸、虾丸、鱼豆腐、什锦丸、蟹棒、墨鱼丸、脆皮肠、龙虾排、腰花肠、鱼饼，等等。

在天津,如果你是一名火锅丸子爱好者,想要一站式搞定各种丸子火锅,那么有一个品牌你肯定很熟悉,那就是"宽达"。"宽达"牌火锅丸子种类多样,口味独特,简直是丸子吃货者的福音。

除了火锅丸子,天津市宽达水产食品有限公司集中各产地资源优势,联合优秀农民专业合作社供应商,引进丰富可控的原料,开发出"速冻海鲜食品系列、速冻调

理食品系列、速冻蔬菜系列、速冻鱼糜制品系列、速冻肉糜制品系列"五大系列近200个单品,年产量达2万余吨,先后同华润万家、人人乐、沃尔玛等大型商超实现全国性合作,在近600家重点客户卖场中建立"宽达"形象专柜。产品深受广大消费者的青睐,有非常高的品牌知名度与美誉度。

"宽达"拥有多条现代化速冻深加工设备流水线,以及完善的低温冷冻冷藏物流配送体系。还同中国农业大学、天津科技大学、天津农学院、天津水产研究所等科研院所开展广泛合作,建有"天津市鱼糜高值转化及品质控制重点实验室"和"天津市企业技术中心"等高水平创新平台,并先后承担"国家级农业综合开发项目""国家级农业科技成果转化项目""国家级星火计划项目"及数十项市区级农业科技类项目。

2021年,"宽达"水产品被认定为"津农精品";2022年,被评为"天津市专精特新中小企业"及"津门老字号企业"。

杨家泊水产

　　"吃鱼吃虾,天津为家"是天津的一句口头禅,体现的是天津人民的饮食特点,也表明天津近海盛产虾类。过去的天津卫,沿街贩鱼贩虾的小贩,手托青麻叶白菜叶裹着大对虾,高呼:"豆瓣绿的大对虾,五分钱一对呀!"令听者垂涎。天津人爱吃虾,无虾不吃,大到18—20厘米长的对虾,小到如线头大小的麻线虾,都是天津人民的心头好。老天津卫的各大饭庄、酒楼都有招牌的虾类菜肴,清炒虾仁、糟熘虾仁、芙蓉虾仁、烩虾仁、熘虾球、四喜虾饼、焯虾蘑海、虾米炒韭菜,等等,不胜枚举。

　　随着人民生活水平的提高,传统捕捞已经很难满足食客们的需求,于是津沽人民便开始探索养殖之路。天津市沿海滩涂平坦,低洼盐碱地和盐田汪子水面广阔,有天然饵料,气候条件适宜,海水养殖资源和条件较好。天津滨海新区杨家泊地区的盐田汪子,是我国著名的三大盐场之一。由于杨家泊的盐田汪子盐度在50%以下,其中含有大量的盐田生物,便构成了其独特的生态环境。杨家泊人充分利用盐

田汪子中的生物资源,向盐田中投放经济性水产生物,这些水产生物一方面能调节盐田的水质,促进盐田的生态平衡,提高制盐的质量;另一方面水产品的产出能产生巨大的经济效益,从而做到盐田水的一水多用,促进产盐业发展节能减排的循环经济。

　　历史上沿海渔民利用自然纳潮,拦截鱼虾幼苗,实行港粗养,鱼虾混养,以对虾、梭鱼为主。20 世纪 90 年代初,海水混养模式逐渐发生转变。由于产量低,靠自然海水纳苗不能满足养殖发展的需要,中国对虾育苗产业逐步形成。由于海水混养模式的成功与否受诸多外因制约,业内经验是七成靠天、两成靠技术、一成靠运气,而且对地理条件要求较高,内陆地区则无法养殖,在这种现实条件下,杨家泊人借助靠近汉沽盐场的盐田汪子这一有利条件,将卤水与地下井水混合勾兑进行中国对虾养殖并获得成功,由此打开了海淡水勾兑养殖中国对虾的先河。由此,中国对虾养殖在杨家泊镇经历了约十年的辉煌历史,获得全国单产第一(1030kg/亩)的称号,创造出的"全封闭养殖模式"在全国海水养殖业技术中占领先地位,20 世纪 90 年代末达到最高峰,亩产达 2100kg。

进入 2000 年以后，随着全国大趋势的走向，中国对虾养殖业滑向低谷。主要由于病害和苗种退化等因素的影响，中国对虾养殖连受重创，此时急需引进新的品种保持养殖业持续健康发展。南美白对虾作为新的养殖品种被引进杨家泊镇，其优点是：无特定病原、抗病能力强、生长速度快、饵料系数低、产量高，由此赢得广大养殖户的青睐。

南美白对虾养殖成为海洋资源高效利用的重要途径之一。杨家泊养殖的南美白对虾大部分饵料来自盐田的自然生物，很少使用药物，且绝不使用化肥等投入品，质量安全可靠，形成了久负盛名的区域特色产品"津沽盐汪子虾"。盐汪子虾体色发青，透明度较高，外形圆润饱满，虾壳细腻稍硬，背部肠线不明显。盐汪子虾煮熟后的虾体颜色红艳，是虾青素含量多的表现。盐汪子虾的肉质紧实，虾肉细腻滑嫩，咬下去 Q 弹十足，颇有嚼劲。盐汪子虾味道鲜美，易消化，但又无腥味，入口有股甘甜的味道，在天津深受广大民众喜爱，无论是盐水、糖醋，还是油焖，都令食者赞不绝口。盐汪子虾营养丰富，富含优质蛋白质、虾青素、锌、碘、硒等，具有补气健胃、温阳补精、增强免疫力、抗氧化、强身健体等功效。

06

津农工艺·美味篇

岳川辣酱

古往今来,酱一直都是中国人饮食生活中不可或缺的调味品。无论城乡,今天你走进任何一个中国家庭的厨房,就会看到搁在桌上琳琅满目的调味品,而且其中绝对不会缺少了或用瓶、或用坛、或用罐盛装的酱料。如果问各家厨房酱品的差别,一般都是依据自家口味的喜好而选择的不同品种而已。这大概就是民谚所说"百家酱,百家味"的缘由了。

"酱者,百味之将帅。"中国是酱的创始国,相传范蠡创古醢,西王母造"连珠云酱"。全国各地,酱味各异,肉酱、豆酱、面酱、芝麻酱,甜酱、辣酱不一而足。而在天津就有一家祖传的酱坊——"岳川酱坊"。

经过霍家四代人的守正创新,"岳川酱坊"已经由当初集市上的小作坊壮大成一家蔬菜制品(酱腌菜)、发酵性豆制品(豆豉)等农产品精深加工企业——天津市岳川食品有限公司。公司拥有种植基地 5 千余亩,辣椒制品上百种,年产量 2.1 万吨,年产值 7500 余万元。

公司先后研制出红油豆瓣酱、蒜蓉辣酱、泡辣椒、香辣红油、豆豉、泡椒酱、拌饭酱等上百个品种,其中红油豆瓣酱为企业的拳头产品,常年生产销售,年产量 1.5 万吨以上。泡椒酱为企业明星产品,在天津市场占有率达到 35% 以上。公司拥有省市级独家代理商 40 余家,畅销华东、华南、华北、东北、华中等三十多个省市或地区。

岳川产品之所以能够赢得广大消费者的青睐,与企业的匠心传承息息相关。几代传承人不问功利,洗去浮躁,用百余年时间,诠释了岳川古法技艺密码:纯+醇+

淳。"纯",就是纯正。原料纯正,选自本地产区和订单基地,严格按照企业标准选种、施肥、采摘、预处理,杜绝农残、药残和杂品;制作纯正,古法技艺融合现代设备,生产过程达到净化标准,红油提取、制曲发酵等技术行业领先,实现零添加、零杂菌。"醇",就是醇厚。充分发挥古法技艺的底蕴,坚持"匠心制酱",精工细作,每一个豆瓣、每一颗豆豉、每一根辣椒,都在时间的积淀和翻晒的激活中浓郁增味,独特的露晒工艺也锁住了酱香和营养。"淳",就是淳朴。以农民的朴实传统做人做事做酱,将独家技艺传承与优良家风传承融入产品,严密的管理手段和检测标准,确保了从田间到餐间的闭环可追溯,保证了舌尖上的安全。

　　"岳川"辣酱的辣椒产自天津市宁河区岳龙镇,位于燕山山脉东端,当地岳龙泉水闻名遐迩,辣椒享受着泉水的灌溉,品质自然上乘。当地辣椒特点:皮薄味美,适合炒制辣椒。用这种辣椒制作的香辣红油可作为饺子蘸料、拌菜等,香而不腻,做出来的辣椒酱,更是别有风味。"岳川"秘制鲜椒拌饭酱采用新鲜辣椒,古法与现代工艺相结合,加工环节,采用高温灭菌的方式,不仅有助于延长保质期,还更有益于身体健康。这样生产出来的辣椒酱色泽鲜艳,鲜辣而不上火。鲜椒拌饭酱分为果味 0 脂、香菇牛肉、红椒原味、青椒原味、双椒原味、基本无敌辣六个口味,可以满足爱辣一族的多种口味需求。

　　"岳川酱坊"的辣酱产品,辣度适中,老少皆宜。辣度是用纯原料调制的,绝不使用辣椒精、辣椒素等添加剂。据辣度检测报告数据,有辣度 300 度的青椒、700 度的红椒,小朋友都能吃;也有 8000 度的无敌辣,喜欢挑战辣度的,能吃出醍醐灌顶、混沌初开的感觉。

　　始创于 1919 年的百年老字号"岳川酱坊",取"山岳恒久、河川绵长"之意,传统技艺为被认定为天津市非物质文化遗产。企业已通过 ISO 9001；2008 国际质量管理体系认证。产品连续四届荣获中国国际农产品交易会金奖。"岳川"先后被评为天津市知名农产品品牌产品、天津市名牌产品、天津市著名商标等。

利民调料

　　炸酱面必须用利民甜面酱,烧烤必须配蒜蓉辣酱,这是刻在天津人骨子里独有的味道!

　　在天津,"利民"调料家喻户晓,虽说"众口难调",但调众口之味的"利民"调料却走进了万家厨房。"利民"调料在天津的市场占有率很高,并且形成了辐射我国三北(东北、华北、西北)的宏大网络,部分产品还远销国外,日益加深的品牌影响力让利民跻身全国调味品行业20强,并向着做大做强的目标昂首迈进。

　　天津市利民调料有限公司(以下简称"利民公司")是国内调味品龙头企业之一,作为国内最早,天津利民历经百年而傲立食界。

　　利民公司隶属于天津食品集团,是中国500强集团二级企业,全资国有企业。利民调料的公司总部坐落于中国(天津)自由贸易试验区(空港经济区),总投资2.2亿元,占地面积87.8亩,涉及调味品生产加工,豆制品、调味品营销,进出口贸易,农业生产及农产品销售等板块;主要生产高盐稀态发酵酱油、米醋、白醋、甜面酱、调味番茄酱、番茄沙司、火锅调料、蒜蓉辣酱、酱菜、甜酸酱等多个大类,近200个品种。利民公司总部下属10个销售子公司(天津、沈阳、北京、唐山、济南、芜湖、西安、包头、哈尔滨、长春),2个原料供应基地(唐山辣椒基地、海伦大豆基地),4个产品加工基地(空港总部生产基地、西青番茄酱基地、山海关豆制品基地、唐山炒制酱基地),并且计划新开拓2个原料供应基地(西南木薯粉基地、非洲番茄基地)。公司旗下的"利民""光荣""玉川居""山海关"等品牌产品畅销国内外市场。公司自主研发建造了国内领先的酱油、酱类发酵系统,建立了 CNAS 国际实验室及博士后流动工作站,被评定为国家级高新技术企业及天津市农业龙头企业。

利民公司拥有传统与现代相结合的先进生产技术和工艺,引进了国际上最先进的酱产品和酱油生产线,使调味品的生产由过去的作坊式升级为现代机械化方式,彻底改变了落后的生产工艺和生产环境,在完善公司硬件的同时,利民人更加关注软件的实施,在日常生产中认真贯彻执行《中华人民共和国产品质量法》《食品卫生法》等法律法规,坚持规范管理,诚信经营,把食品安全、卫生、营养作为生产的前提与核心。利民公司还拥有符合国际标准的管理体系,通过了 ISO 9001—2000、国际质量管理体系、ISO 22000—2005 食品安全管理体系认证和 HACCP 体系认证。这保证了利民产品品质在国内的领先地位,成为北方调味品生产的典范企业。

利民公司始创于 1927 年,前身是宏中酱油厂,从 1956 年开始,经过公私合营,调整组建成国营天津市副食调料公司,资产重组后成立了天津市利民调料酿造集团有限公司。2006 年,公司成功进行了战略东移,投资 1 亿元,在天津空港经济区建成了规模庞大、设备先进的酿造及复合调味品生产基地。2011 年,公司控股成立了唐山利民荣丰农业开发有限公司,建成利民辣椒基地。2012 年,公司控股成立了天津瑞盈食品有限公司,开拓番茄制品,拓展海外市场。2015 年,利民公司扩充改革重组项目,将"山海关"这一品牌纳入旗下,生产以豆腐、豆浆为主品的系列豆制品。2018 年,公司启动了利民公司加纳番茄酱加工厂和黑龙江海伦大豆种植加工基地项目,进一步夯实、扩充上下游产业链。

　　2007年4月,利民公司以天津市工业战略东移和滨海新区开发开放为契机,迁入天津市空港物流加工区,厂房宽阔了,设备先进了,产品丰富了,利民盘活了有形资产,拓宽了经营范围,努力实施品牌战略,以无形资产为龙头带动企业发展,陆续恢复了曾经一枝独秀的"光荣酱油",并进一步提升了以"利民牌蒜蓉辣酱"为代表的利民品牌形象。

站在整洁崭新的厂院中，回忆利民的发展历程，工作了 36 年的刘泽俊董事长感慨万分，他介绍到：利民调料公司的前身是天津市第一调料酿造厂。它是在 1956 年公私合营时由正大化学酱色厂、长茂居酱园、义兴腐乳厂、茂生腐乳厂等十余家调料厂组成，1960 至 1965 年，酱料四厂、第七调料酿造厂先后并入该厂。1997 年，经市人民政府体改委和市商委批准，按现代企业制度，同市副食调料公司组建成天津市利民调料酿造集团有限公司。2005 年，为落实市委、市政府工业战略东移的总体部署，二商集团和利民集团有限公司共同出资建设了现在的"天津市利民调料有限公司"。

利民公司的 logo（徽标）设计取自《墨子·法仪》中的"百工以方为矩，为圆以规"，表达了两重含义。第一重含义，方代表地，圆代表天，将天放到中阳地带，天收中，地作围，天地合一，表示利民公司拥有人文工艺的优势传承，取自天地自然之精华，欲生产酿造调味之上品。第二重含义，内圆外方，表示利民公司的对外和对内理念：对外，一直秉持着对消费者负责的原则、对社会负责的态度进行生产和经营，履行国企责任，彰显国企担当；对内，对待员工们，建立浓厚的企业文化氛围，提升职工的幸福感、获得感，企业充满圆融、关怀、宽容与和谐。利民的 logo 充分体现了利民企业的方圆之道，体现了利民人正义、正气和正直的秉性，和谐、友爱和互助的精神。

　　想念家的味道,体会爱的味道,感受温暖的味道,利民调料一直致力于打造令千家万户喜爱与怀念的味道。味守初心,匠心利民,利民公司不断践行工匠精神,秉承"精心生产,诚信经商"的经营理念,做有担当的值得老百姓信赖的企业。利民公司2002年正式通过 ISO 9001 质量管理体系认证, 2003年作为首批企业之一获得市场准入 QS 标志。利民公司 2020 年被评为农业产业化国家重点龙头企业、食品安全与质量优秀企业以及高新技术企业;连续 20 年被天津市政府命名为"守合同、重信用"单位;曾荣获"天津市食品安全示范企业""放心调料示范厂"等称号。在企业核心价值观"利国兴业诚于信,民生厚德敏于行"的指导下,利民牌产品多次获得了国家和天津市的荣誉称号,被国家有关部委确定为重点支持和发展的品牌;2000 年以来被天津市技术监督局评为优质合格产品；利民牌酱油、食醋2001年被定为"国家免检产品"；利民牌蒜蓉辣酱多次被评为产品金奖，2021年被授予"优质产品"称号，利民牌系列产品被评为"最具价值品牌"；2020年被评为"津农精品"。

利民公司核心产品——利民牌蒜蓉辣酱，诞生于1985年，自正式投产、问世以来，深受广大消费者喜爱。利民牌蒜蓉辣酱是以当时腌菜车间为研制小组，选用红尖辣椒、鲜蒜米、天然豆酱等多种原料，花费几年时间调制，独创的调味产品。在小小的一袋蒜蓉辣酱中，集东辣、南甜、西酸、北咸于一身，五味俱全，清爽可口，让人口齿留香，回味无穷。凭借独特的味道，利民牌蒜蓉辣酱更成为东北烧烤必不可少的调料。近 30 年来,利民蒜蓉辣酱的美味已经遍传大江南北乃至世界各地。

利民牌甜面酱采用优质面酱专用小麦粉酿制而成,色泽红褐,细腻光亮,黏稠适度,酱香浓郁,咸鲜带甜,不仅可以提鲜、增香、上色,还可以丰富菜肴的营养,增加菜肴的可食性;是北方炸酱面、烤鸭以及天津名小吃——煎饼馃子等食品的必备调味酱。

利民牌番茄调味酱是由利民番茄基地年产新鲜的成熟番茄去皮去籽儿、低温磨制而成;不添加抗氧化剂、色素等,颜色介于鲜红和深红之间,口感自然纯正;除了富含番茄红素外,还含有 B 族维生素、膳食纤维、矿物质等,和新鲜番茄相比较,营养成分更容易被人体吸收;是烹制茄汁类、汤类菜肴的最佳选择。

利民公司的酱油酿制可追溯到 1927 年,至今已有九十多年历史了。酱油以传统发酵技术为基础,采用利民东北海伦大豆基地的优质年熟大豆为原料,精心培育优秀发酵菌种,采用高盐稀态发酵工艺酿造而成。严格控制发酵温度、时间等各类指标,成品不添加化学增鲜、增味剂,色泽清亮,颜色纯正,香味自然醇厚,味道浓郁鲜美。

天津味道，就在身边。利民调料销售网络完善，不仅涵盖了线下的华润万家、物美、大润发、沃尔玛、永旺、永辉、盒马鲜生等大型超市，还在京东、天猫、淘宝、苏宁、拼多多、1 号店等网络电商销售，实现了美味便捷触达。

王朝葡萄酒

"对酒当歌,人生几何",《短歌行》道尽了曹操求贤若渴的忧思,"古来圣贤皆寂寞,惟有饮者留其名"抒发了李白怀才不遇的无奈。中国酒文化源远流长,自从杜康造酒后,酒逐渐出现在人们的生活中,渐渐形成"酒文化"。随着丝绸之路的开辟,葡萄酒也传入了中国。"葡萄美酒夜光杯,欲饮琵琶马上催"描绘的便是葡萄酒。

据史料记载,西汉建元三年(前138年),张骞奉汉武帝之命出使西域,途经大宛看到有人以葡萄酿酒,富人藏酒万余石,后汉朝使节取其果实种子,自此,葡萄酒开始在中国传播。魏文帝曾经写道:"且复为说葡萄……又酿以为酒,甘于鞠蘖,善醉而易醒。"通过这段文字的描述,我们可以看到当时的人们已经足够了解葡萄酒的作用和功效了。我国唐代的药学家苏敬曾经在《唐本草》(又名《新修本草》)中提到了葡萄酒的功效,他认为葡萄酒有"暖腰肾,驻颜色,耐寒"的功效。

我国自古以来就有酒文化,葡萄酒在我国历史源远流长,随着时间的推移,以及葡萄种植技术和酿酒技术的提升,葡萄酒慢慢地被广大人民所接触,近现代也诞生了许多酿造葡萄酒的企业。其中尤其值得介绍中法合营王朝葡萄酿酒有限公司。

王朝的创立,源于改革开放初期我国敞开国门的魄力和决心。1978年年末,中国改革开放的帷幕刚刚拉开,一大批国外企业家看中了这个东方神秘大国的潜在市场,纷纷寻找来华投资的机会。大名鼎鼎的法国"人头马"集团董事长亲自率队来华,在一些城市碰壁后,他看中了天津,叩响了当时天津农场局的大门。1979年6

月,双方达成了合资开办葡萄酒厂的初步意向。1980年5月25日,中法合营王朝葡萄酿酒有限公司正式成立。

合作初期,法国人主张使用"人头马"商标,遭到中方毅然拒绝。从谈判一开始,中方就坚定地树立把国产品牌做大做强的使命感和责任感。中方清醒地认识到,如果借用"人头马"打天下,固然可以畅销国际市场,但从此将无法摆脱对"人头马"品牌的依赖,必须创造民族品牌。

公司借用"蒲桃(葡萄)出汉宫"的诗句,给产品取名为"DYNASTY",中文译为王朝,创建了"DYNASTY 王朝"的品牌,是希望利用中外合资企业的优势,引进法国先进的酿酒设备和技术,改变国内葡萄酒业的落后情况,开创一个属于中国葡萄酒业的王朝。一流的原料,一流的设备,一流的技术,一流的人才,生产一流的产品,使"DYNASTY 王朝"的品牌成为"一流"的代名词。"DYNASTY 王朝"品牌既彰显了中国民族文化及其深厚底蕴,同时寓意了王朝公司要在中国葡萄酒业腾飞之际大展宏图的壮志雄心。

　　王朝公司在建厂之初就充分发挥法国传统酿造工艺和国际先进生产设备的优势,酿造出了中国第一瓶全汁干型葡萄酒。1984 年,王朝干白系列葡萄酒首次参加在德国召开的国际葡萄酒评酒会,便以"既有欧洲风味,又有中国特点"的独特风格,超越当时参赛的 100 多个国家的 9000 多款产品,一举夺得金奖,这也是新中国食品行业第一次获得国际金奖。之后,王朝更是连续五届获得布鲁塞尔国际评酒会 14 项金奖,并于 1992 年斩获了最高质量奖。凭借着优异的产品品质,王朝葡萄酒多次成为国宴用酒,并为 200 多个使领馆供应酒品,是世界经济论坛(达沃斯论坛)指定用酒,并曾多次成为天津市大型活动指定用酒。

现在王朝品牌葡萄酒早已如"酒的王朝，王朝的酒"这句广告语一样传遍中国，享誉世界。"中国风土、世界品质、王朝味道"是王朝人数十年来的坚持。王朝公司结合市场需求和自身的技术特色制定了"5+4+N 产品战略"，即 5 大主线系列产品、4 大优势品类和 N 项个性化需求定制。5 大主线系列分别为引领行业的干化系列、代表国宴品质的七年藏系列、作为商务典范的梅鹿辄系列、占位国民宴席的王朝经典系列和中国第一葡萄酒老干红/半干白系列；4 大优势品类则是指干红、干白、白兰地和起泡四大核心品类；N 项个性化需求定制则是以生肖酒和九香玫瑰露等产品为代表。

好的葡萄酒从好葡萄开始，好产区、好品种、好年份、好管理是酿造好葡萄酒的根本所在。王朝公司在天津、河北、宁夏、新疆等产区拥有优质的葡萄原料供应基

地,主要葡萄品种有梅鹿辄、赤霞珠、霞多丽、玫瑰香、贵人香、白玉霓等。葡萄原料基地建设是一项长期且系统性的工作,直接影响葡萄原料质量与供给稳定,关系到酿酒企业的根本利益和长远发展。

四十多年来，为确立王朝葡萄酒的风格和不断提高葡萄酒的质量，王朝公司在原料方面下足了功夫，在科研、技术推广及生产管理等方面取得了很多的突破，建立了公司葡萄酒原料保障体系，从而保证了王朝酒原料的质量和数量，为"王朝"品牌赢得消费者的信任奠定了坚实的基础。

公司原料基地建设的总目标是优质、稳产、安全、美观。原料基地规划坚持"重点开拓西部、积极巩固东部、逐步开辟国外"的方针，坚持"葡萄是基础、技术是支撑、种植是主线、品质是核心、成本是导向"的管理方向；坚持"中高档为主，普通档为辅，风格多样，突出特色"的结构定位，逐步实现"产品产区化、产区品牌化"的布局思路。

王朝公司自 1980 年建厂以来，始终秉承"科技是第一生产力"和"创新是引领发展的第一动力"理念，打造了王朝公司的技术中心，并在 1998 年被认定为天津市企业技术中心，2005 年被认定为国家企业技术中心，也是天津市食品行业唯一的国家级企业技术中心，并于 2021 年 1 月获批设立博士后科研工作站。王朝公司拥有高水平的酿酒师团队，在传承法国酿酒工艺的基础上秉承"工匠精神"开拓创新，曾先后获得科技进步奖 14 项（其中，国家级 2 项、天津市市级 12 项），天津市企业技术创新奖 11 项，科技管理奖 5 项。截至 2018 年底，获授权发明专利 15 项。

王朝公司自成立以来创造了多个行业第一：中国第一家用玫瑰香葡萄生产出具有典型风格的半干白葡萄酒的企业；国内第一家规模化生产全汁葡萄酒的企业；国内第一家将酿造的美酒摆到了国家领导人招待国际四海宾朋的国宴酒会上的企业；国内第一家荣获 14 项国际金奖，并被布鲁塞尔国际评酒会授予最高质量奖的企业；

国内第一家获得 ISO 9001 质量管理体系和 ISO 14001 环境管理体系双认证的葡萄酒企业;国内第一家荣获两项国家科技进步奖的葡萄酒生产企业;国内第一家实现梅鹿辄高档葡萄酒规模化生产的企业;国内第一家在西部产区建立合营原酒加工厂的企业⋯⋯

王朝葡萄酒 1983 年成为国宴用酒,1985 年成为外交部驻外使领馆用酒并长期供应,2000 年"DYNASTY 王朝"商标被国家工商行政管理局认定为中国驰名商标,2002 年被国家质量监督检验总局评定为中国名牌产品,2005 年王朝公司成为首个拥有国家级企业技术中心的葡萄酒合资企业,2006 年王朝公司成为全国工业旅游示范点。王朝葡萄酒曾荣获 14 项国际金奖、8 项国家级金奖,被布鲁塞尔国际评酒会授予最高质量奖。主流产品被中国绿色食品发展中心认证为"绿色食品"。

在完善产品体系的同时，王朝还紧跟潮流，将线上云探访与线下实景游进行深度结合，开创了企业产品发布与品牌营销的新模式。直播活动中，主播带领全国观众探访了王朝的第一间厂房、2 万吨的贮酒车间、自动化的灌装车间，以及占地面积5000 平方米的王朝高档木桶陈酿车间。游览过程中，还穿插有各个车间的历史故事以及王朝老员工的实景讲述，让观众跟随镜头深入感受王朝的厂区风貌和文化价值。

"大自然将葡萄赐予人类，人们将葡萄酿制成酒，从此便有了欢乐。"葡萄酒作

为一个文化属性较重的酒类产品,只有通过长时间的历史文化积淀,才能让消费者从心底产生较强的文化认同感。设备先进、规模宏大都是可以在短时间内通过资金的投入获得的,而悠久的葡萄酒酿造历史只能通过时间来积累。王朝把葡萄酒文化当作一种新的语言,浸渍中国五千年文化积淀,把香醇传遍世界。

芦台春酒

　　芦台春产自天津市宁河区芦台镇，属于大曲酱香型白酒。天津芦台春酿造有限公司前身是始建于清康熙年间的"德和酒坊"，出产的芦台春酒严格遵循传统古老工艺酿造，形成了入口柔顺、饮后回香的独特风格，拥有"天津小茅台"一称。

注：右起二 中国白酒泰斗周恒刚先生

　　为什么称为"天津小茅台"呢？20世纪60年代末至70年代初期，我国酒界泰斗周恒刚先生多次应邀到天津古镇芦台考察，对这里的气候、土壤、原粮、水质、微生物环境及酒业历史进行了深入调研，发现这里水美粮丰，酒缘深厚，温湿环境适宜，地域资源得天独厚，德和酒业底蕴不凡。于是决定将其在"茅台试点"过程中发现和分离出来的几百种细菌，经过培养繁育，在此付诸创新实践。其间，周恒刚先生吃住在厂，指导踩制酒曲，优化酿造工艺，带队考察交流，培训技术骨干。

芦台春诞生至今已有 52 年,这期间不仅见证了天津风雨变迁,还创造了中国白酒的"三个第一"。1972 年,周恒刚先生克服诸多困难,成功研制出中国北方第一瓶优质麸曲酱香型白酒,亲自定名为"芦台春",并为之写下"酚酪久贮瓮方开,惹得群蜂蝶又来。杜牧疗肠莫借问,乘车驱马赴芦台"的诗章。此后酒厂开始应用大曲酱香工艺酿酒,并于 1978 年酿造出中国北方第一瓶优质大曲酱香型 (坤沙工艺) 白酒。随后,周恒刚先生又以此为基地,在 1978 年至 1983 年期间,历时五年突破性地完成了两大课题,是第一家参与研究并揭开了困扰白酒界几十年的酱香型白酒香味之谜的酒企。

周恒刚先生组织的"芦台试点"完成了两大课题:一是中国首次对酱香型白酒香味成分进行研究,揭开了酱香白酒风味物质的神秘面纱;二是对泸型酒窖泥微生物的选育与防止窖泥老化的研究,解决了困扰浓香型酒窖泥起碱、板结、老化,影响酒质的问题。两项科研成果分别荣获省部级科技进步二等奖和三等奖,也为芦台春酒业品质持续优化奠定了坚实基础。

说起芦台春的酿造工艺,使用纯粮泉水,天然窖泥,古法酿制,陶坛木海,秘窖久贮,是形成芦台春酱香白酒独特品质的五大要素,芦台春酱香系列精选优质红缨子糯高粱为原料,配以端午人工踩制的高温大曲,用红砂石窖发酵,每年重阳"下沙",历时 1 年酿造周期,经 2 次投粮、9 次蒸煮、8 次加曲堆积、8 次发酵、7 次摘酒,原酒入陶坛自然老熟 1 年盘勾,再置于地下酒窖的木酒海、紫砂陶坛窖藏 5 年以上方能成就芦台春酱香系列独特风味;而浓香系列则是精选优质高粱、糯米、小麦、玉米、大米为原料,坚持开放式固态发酵,在主体为砖混结构,墙体厚度 1.2 米,由内外两层三七墙,中间填充酒糟稻壳夹层筑起而成的具有天然洞窖生态条件的恒温恒湿窖藏库中存放,经年储藏,香味浓郁优雅,酒体醇正自然。

　　芦台春不仅是天津的酒,更是一代天津人的回忆,芦台春之所以会深得天津人民的喜爱,是因为它很大程度上是按照天津人的口感来酿制的。芦台春刚刚喝起来的时候会感觉到有一丝丝的辣,随即又有一丝丝的甘甜,很适合天津人的口味。

　　酿酒微生物对酱香型白酒的品质有着决定性作用，2022 年,芦台春与天津科技大学强强联合,通过高通量测序技术和现代生物技术,对芦台春酱香型白酒不同轮次酒醅中的微生物组成进行分析,对蕴藏在酿酒过程中的优良生物资源进行了深度挖掘,为进一步提升芦台春酱香白酒品质打下坚实基础。相比酱香系列对微生物的研究,芦台春浓香系列率先在国内采用精馏工艺、双轮底 120 天发酵、分蒸分摘萃取工艺、"双蒸还原"工艺和零下十八度速冻提纯技术。抛弃了传统用活性炭处理酒中悬浮物、杂质及其他有害物质的方法,充分地保留有机物质和呈香物质,在增香、提纯、减害的工艺目标上达到了一个新的高度,对已知有害成分实现精准科学控制,去杂、除异。

　　芦台春在坚持传统工艺、创新酒品研发的同时,调整发展思路,整合现有资源,建设了芦台春文化博览园,开启酒庄运营模式。公司以自身产业为支撑、以地域人文为依托、以弘扬优秀文化为主题,通过酒文化博物馆展示地域历史文化、酒文化游览体验、多门类艺术交流等,展示地域人文及产业亮点,活跃地域文化交流;以商养文,以文促商,以丰富企业文化内涵,提升企业的文化竞争力和品牌影响力;以发扬天津历史文化为己任,以重塑天津品牌形象为目标。

海河牛奶

一杯奶，守护三代人！

九河下梢天津卫，三道浮桥两道关。海河是天津的血脉，是千千万万津沽儿女心系情寄、命脉相承的母亲河。如果将海河比作天津人的文化血脉，那么海河乳业便是天津人的造血骨髓，更是几代天津人的经典记忆。天津人对海河牛奶有着浓厚的感情，这个情结便来源于从小到大的依恋。

1957 年海河品牌在老南市问世，自此天津奶品总店成立，开启了天津乳制品工业产业化历程，海河牛奶成为千家万户信赖的好牛奶，为千万百姓提供安全放心的好牛奶。老一辈儿的海河人，就是用三轮车、自行车，把海河奶送到了天津人的餐桌上。

历经六十余年的变革，海河乳品已经占领天津市人民的消费心智，确立了城市型乳业的企业定位以及在天津市场的主导品牌地位。

海河乳业经过多年的发展，获得无数奖项，每一项都是重磅级。1987 年海河牌全脂甜奶粉荣获国家银质产品荣誉；2002 年海河牌纯牛奶、可可奶等被认定为绿色食品 A 级产品；2003 年海河牛奶被国家市场监督管理总局审批为国家免检产品。公司 1999 年荣获天津著名商标荣誉；2002 年被国家八部委联合认定为农业产业化国家重点龙头企业；2011 年获得天津市人民政府颁发的优质农产品"金农奖"；2012 年获得天津市人民政府授予的天津市食品安全示范企业称号。

海河牛奶之所以被消费者喜爱，是因为在牛奶生产的各个环节都下足了功夫。海河奶从牧草种植、奶牛培育，到奶制品研发与生产加工、仓储物流，全产业链保证了牛奶的品质。

海河牛奶百分之百来自国有牧场，这是海河乳业的核心优势。牧场全部实行封闭式、机械化挤乳，奶牛采用 TMR 全混合日粮喂养，乳牛饲料全部来自绿色种植基地，从原奶上保证了国内一流水平，保证了奶源供应的稳定和质量的可控。

海河牧场全部坐落在天津近郊，从牧场到工厂，全程不超过 2 个小时。原奶运输全程都是冷链，温度始终保持在 0℃到 4℃之间，保证了原奶的新鲜。原奶储存也非常用心，海河乳业的鲜奶罐四季恒温，时刻保护牛奶的品质。

海河乳业一直遵循"鲜、活、快"的方针，大力度发展巴氏奶，坚持 24 小时生产，特别是巴氏鲜奶，多年来始终坚持在夜间生产，凌晨配送，就是为了避免产生隔夜奶，将最新鲜的牛奶送进各大超市和千家万户。

食品安全是底线，品质是更高要求。海河乳业把更多的时间和精力都投入保证产品质量控制、建立产品质量追溯体系、提升食品安全等方面。

海河乳品公司是天津市唯一一家完全使用食品集团国有自有奶源生产乳制品的企业，原料奶蛋白含量、乳脂率均高于国标的技术要求。生产加工设备引进了瑞典、意大利、德国、美国等国际顶尖及国内先进乳品加工、灌装全自动生产线和自动化包装设备，采用国际同行业先进工艺流程操作，产品包含灭菌乳、调制乳、巴氏杀菌乳、发酵乳、乳饮料等五大类一百余种品种。海河乳业的重点产品情况如表 3 所示。

表 3 海河乳业重点产品情况

品类	巴氏鲜奶	海河酸奶	海河常温奶
介绍	奶源来自 GAP 一级认证国有牧场,优质奶产自本土奶,秉承"为新鲜而生"的理念,致力于守护天津市民的健康。	海河的酸奶种类齐全,有凝固型酸奶、搅拌型酸奶,比如益倍悠系列酸奶、轻零系列酸奶、帕玛爱壳系列酸奶等。	海河常温奶,包括了基础纯牛奶、花色牛奶系列、悠冠系列等。
品质	①牛奶从挤出到生产必须在 24 小时内完成,时间短,更新鲜。②全程冷链运输,保质期 5—7 天,更新鲜、更安全。③富含活性营养成分。	①海河乳品的天津卫老酸奶,采用传统古法发酵工艺,富含 3.5 克蛋白质,是国家标准的 1.5 倍。②采用优质菌种发酵,口感醇厚、浓香。均衡营养,促进肠道吸收。	①瞬时杀菌,安全放心。②不需要低温冷藏,存放时间久。③国有牧场,放心奶源。
优势	①海河巴氏鲜奶中富含活性营养物质,比如蛋白质、钙质,都是人体必需的营养成分。②海河乳品是全国首家通过中优乳认证的企业。③其中 5 款巴氏鲜奶通过中优乳认证:生乳原料取得中优乳特优级认证。	①奶源优、品质好、营养高。②天津卫原味酸奶与天津博物馆联名,为产品进行文化赋能。	①纯牛奶系列,100%自有奶源,26 道工艺,牛奶纯正安心。②海河网红产品花色牛奶系列,玩转多种风味,生牛乳含量≥80%,真材实料,营养与美味兼得。

　　天津人成长、生活于海河两岸,纵然时光在前进、经济在发展,但天津人的海河情怀却始终如一。半个世纪的传承与坚守、创新与改变,从新鲜奶源到出厂的每一滴牛奶,都书写着海河人的担当与责任。海河乳品的每一步,都体现了企业的工匠精神。每一瓶牛奶,都是"匠心之作"。

山海关豆腐

中国是大豆的故乡,在甲骨文中就有关于大豆的记载,中国栽培大豆已有五千年的历史。先秦时期,大豆(即菽)栽培主要是在黄河中游地区,"豆饭"是人们的重要食物。《诗经》中便有"中原有菽,庶民采之""采菽采菽,筐之筥之"等诗句。古人不但将大豆当作主食,而且研制了豆腐、豆豉、豆酱、豆油,以及其他豆制品。中国有句古谚语:宁可一日无肉,不可一日无豆。千百年来,豆浆油条一直是我们的早餐标配,足以见得人们对豆制品的喜爱和重视。

豆制品是大豆经加工制成的,如豆腐、豆腐丝、豆腐干、豆浆、腐竹、豆芽菜等。大豆经过加工,不仅蛋白质含量不减,而且还提高了消化吸收率。同时,各种豆制品美味可口,促进食欲,豆芽菜中还含有丰富的维生素C,在缺菜的冬春季节可起调剂作用。

豆制品的营养主要体现在其丰富的蛋白质含量上。豆制品所含人体必需氨基酸与动物蛋白相似,同样也含有钙、磷、铁等人体需要的矿物质,含有维生素B1、B2和纤维素。而豆制品中胆固醇含量较低,因此,有人提倡肥胖者,以及动脉硬化、高脂血症、高血压、冠心病等患者多吃豆类和豆制品。豆制品中含有丰富的雌激素、维生素E,以及大脑和肝脏所必需的磷脂,对更年期女性延缓衰老,改善更年期症状有明显作用。

　　成立于 1985 年的天津山海关豆制品有限公司,专门从事豆制品加工与生产,从默默无闻到名满天下,用实力陪伴了一辈又一辈的人,凭借优秀的品质走进每家每户的餐桌,用独特的味道征服了天津老百姓的味蕾。

　　放眼市场,山海关做豆腐的豆浆与众不同,熟浆工艺是山海关独到的加工技艺与品牌卖点,在磨浆后立即送入煮浆锅加热,生浆的停留时间非常短,抑制了微生物的繁殖;豆渣中的营养物质经过加热后充分释放到豆浆中,营养物质含量高于生浆工艺制出的豆腐。

　　1985 年，第一盒盒装鲜豆腐上市以来内酯豆腐(现名)一直是山海关核心产品，受到消费者喜爱，经久不衰。内酯生产线规模逐渐扩大，目前在生产车间占据一层楼，在正常工作时间内产量稳定，日产能达到 2 万到 3 万盒。

　　山海关内酯盒豆腐是采用专门的熟浆工艺，再经 UHT 杀菌、板换瞬时冷却、真空脱气等多道工序研发生产的，营养成分更高，没有豆腥味、苦味等其他异味，且有淡淡的豆香味，就连分离出来的豆渣也清香无比，此款产品满足中高端市场特定需求，市场竞争优势明显。

　　"绿色、健康、美味"的山海关豆腐，在社会上享有很高的知名度和美誉度，山海关牌盒装鲜豆腐曾获得"首届中国食品工业博览会银奖""天津市名牌产品"称号，并连续十年获得"消费者信得过产品"称号。山海关牌盒装鲜豆腐采用高端的装备制造生产，整个过程中没有黄浆水的排出，符合绿色、低碳、循环经济发展要求。且生产过程中以规范化、标准化的 TPM 精益管理创新的制度流程控制,依靠信息化模块控制和线上检测等过程进行质量管控。

　　从 1985 年第一盒盒装鲜豆腐上市到如今豆腐类、豆浆类、休闲豆干类、油炸类、卤制类等五大类共七十多个单品,产品均以东北非转基因大豆为原料,采用熟浆工艺,只榨取第一道原浆。山海关一直致力于产品研发和更新。新增利乐和自立袋包装,即开即饮,让人们在快节奏的生活中告别费时费力,能够随时随地方便快捷地补充身体所需蛋白质。

东马房豆制品

东马房豆腐丝是历史悠久的传统美食,始于康熙年间,距今有三百余年历史。据武清县志清康熙七年版本记载:康熙五十三年(1714年)三月,康熙皇帝在河道总督陪同下,第六次驾临武清视察北运河堤防工程,驻跸东马房村。其间,康熙皇帝忆起老臣李炜,其告老还乡后居于邻近后屯村,便传令召见。至晚膳时,李炜奉上东马房豆腐丝,皇上品尝后,称赞豆腐丝"味压京城"。此后,东马房豆腐丝便成为贡品。

东马房豆腐丝做工考究,配料独特,有色艳而不浓、味香而不失其本、形挺而不硬、薄而富有弹性等特点,是天津的特色名小吃。如今在天津,东马房豆腐丝被列为市级非物质文化遗产天津老字号品牌,其秉承传统配料和工艺,清爽,香醇,远近闻名。

　　"豆腐丝来""包了的豆腐丝来""豆皮的豆腐丝来"——这便是东马房豆腐丝传统的吆喝声。现在民间流行的豆腐丝吃法仍然延续传统,主要有"黄瓜拌豆腐丝""肉片炒豆腐皮""大葱卷豆腐皮""素烩豆腐丝""凉拌豆腐丝""大葱拌豆腐丝""京酱豆腐丝"等。切豆腐丝的刀工极为讲究,刀要用特别制作的薄片利刃,切工姿势犹如磨剪子姿势,人骑在长条凳子上,刀刃斜开 65 度角,切出丝细长不断,粗细均匀。

　　随着现代科技对东马房豆腐丝的解读,人们渐渐明白了,豆制品(豆腐丝)是"谷物中的肉料",它有肉料之功,而无肉料之毒。豆腐丝含有铁、钙、镁等多种人体必需的微量元素,营养丰富,高无机盐,低脂肪、低热量,具有生津润燥、清热解毒和健脾养胃等多种功效。常吃豆腐丝能降血压、降血脂、降胆固醇,是养身益寿的美食佳品,尤其对身体虚弱、营养不良、气血双亏、年老体弱的人极为适宜。另外,豆腐丝对更年期、病后调养,以及肥胖、皮肤粗糙的改善有效果。

　　东马房豆腐丝制作要经过选料、磨豆、滤渣、煮浆、点卤、泼片、压制、揭片、晾晒、卤煮、摊晾、切丝等十几道工序。就拿泼片这道工序举例,泼片就是将点卤后的豆浆摊成豆片,类似于摊煎饼,要趁着豆浆热的时候泼。过去人们用瓢舀上一瓢豆浆,在案子上摊开,别小看这一舀一泼的动作,是很需要技术的,摊薄了待其干时揭不出片,太厚了又没有口感,摊煎饼薄厚不均匀的时候还可以用铲子,而泼片时这样的做法是绝对不允许的。因此一定要一次成型,泼出一张约30厘米宽、50厘米长的完整豆片,还必须薄厚均匀,这靠的完全是人手腕上的力道。

经典的味道需要传承,深厚的文化需要发掘。天津凯耀豆制品科技有限公司调研了东马房村的小作坊豆制品生产以及京津冀周边豆制品市场需求,发现东马房村虽然有传统的豆制品制作工艺,但是距离大市场的需求还有很大差距,于是决定把东马房传统的豆制品制作文化内涵发掘出来,更好地将传统的制作技艺传承下来。公司于2012年、2014年、2016年分别注册了"雍阳""东马房""东马房豆制品"商标,为东马房豆制品开拓市场取得了"通行证",现已建成集大豆种植、生产、加工、销售于一体的一条龙豆制品产业。

"东马房"核心产品特点如下:

东马房豆腐和豆腐丝以历史悠久、做工考究、配料独特、色艳而不浓、形挺而不硬、薄而富有弹性等特点,在京津市场深受消费者青睐。

东马房五香香干,经过多道工序挤压而成,有细嚼味长、回味持久、薄而有韧性、对折不断等特色,可以当零食吃,也可以炒菜、做馅,吃法很多,深受消费者喜欢。

东马房豆浆,经石磨磨浆,采用国内先进的灌装技术,UHT 灭菌,不添加任何防腐剂,在常温下可以保存 28 天。其口感润滑,容易吸收。

　　"东马房"品牌生产用的大豆全部为国产非转基因大豆,按照国家食品加工的有关规定进行生产加工,不产生污染物,而且豆制品的下脚料(豆渣)还可以供应养殖业,养殖业的粪肥又可以制作有机肥,形成良性循环,有利于本区生态环境的改善。

　　近年来,公司实现了传统豆制品制作与加工的产业化升级,开发出一系列具有传统风味、特色,并适应现代消费市场发展需求的豆制品共 18 种。形成了具有传统特色豆制品风味的配方、工艺流程、工艺参数和产品标准等系列成套加工技术,为推动行业技术进步起到了示范带动作用,实现了农产品的综合加工与利用。

利达小麦粉

小麦对人类有着重要的意义。小麦虽小,粒粒皆是人间烟火。它似乎拥有强大的"魔法",统治了世界的餐桌,从奶油意大利面到牛肉拉面,从法式面包到中国北方馒头,从玉米到我国山东煎饼,还有饼干、泡芙、包子、烧饼……世界上多种面食,都由小麦化身而来。它主导了人们的饮食结构,是全球三大粮食作物榜首。

新发现的考古证据显示,至少在距今 4000 年以前小麦就已经传入中国境内。在新疆的孔雀河流域、甘肃的东灰山遗址、山东聊城等地,均发现了已超过 4000 年的碳化小麦。"不辨菽麦"这个出自《左传·成公十八年》的成语典故,表明春秋时期我国北方就已经开始广泛种植小麦了,当时人们普遍能分清大豆和小麦。自西周中期,小麦便已经大面积种植。唐代时有诗句"夜来南风起,小麦覆陇黄",记载了小麦的丰收盛景。到宋朝,小麦一举"登顶",取代了谷子这个中国传统作物的主粮地位,成为北方的主要粮食作物。

北方人喜爱面食,馒头、大饼、包子、饺子、面条……不胜枚举,聪明的中国人会根据面食的类型来选择面粉。随着育种技术的提升和碾磨机械设备的发展,面粉的种类也越来越多。拿天津利达粮油有限公司生产的小麦粉来说,就有以下多个种类。

1. 特级饺子粉

选用国产优质小麦及进口高筋小麦加工而成,粉质细腻、粉色洁白、筋力好、口感佳,制成品口感爽滑筋道有弹性、不破皮,适宜家庭制作水饺、云吞等面食。

2. 精制粉

以优质小麦为原料,经过24道工序的精心研磨,加工精度高、粉质细腻、粉色洁白,制成水饺、面条口感爽滑劲道,包子色泽光亮、松软可口,馒头表面光滑、麦香浓郁。

3. 雪花粉

甄选优质小麦,加工精度高、粉色洁白、粉质细腻、面筋的质量好,是利达的龙头产品,制成品口感爽滑有弹性,适合制作各类高档水饺、面条、包点等面食。

4. 颗粒粉

选取小麦麦芯部位经粗加工而成,粉质呈细颗粒状、散落性好、不粘手盆、麦香味浓郁,适宜制作馒头、面条、大饼等面食。

5. 紫中筋

甄选优质小麦加工而成,面粉筋力适中、适用性广、操作方便,可制作馒头、包点、饼类、面条等各类面制食品。

6. 劲道面条粉

选用国产优质小麦精心加工,面粉颜色亮黄、粉质细密、筋度高、吸水性强,出来的面条颜色鲜亮、不变色、口感爽滑筋道有弹性,是一款面条专用粉。

7. 多用途麦芯粉

利达多用途麦芯粉选取小麦的精华部位胚乳经过精心研磨加工而成,粉色洁白、粉质细腻、麦香浓郁、筋力适中、用途广泛,适用于家庭制作馒头、包子、水饺、面条等各类面食。

中粮利金(天津)粮油股份有限公司生产的利达牌小麦粉品种齐全、品质优异,这与企业的政治责任和政治担当,以及为人民服务的宗旨息息相关。公司作为中粮集团和天津市食品集团的混改企业,以保障京津冀粮食安全、让老百姓吃上放心粮为己任,坚定履行稳定国民经济、促进粮食行业健康发展的责任,在"保供应、稳物价、惠民生"中发挥国有企业的示范引领作用。利达牌小麦粉从源头把控,选取进口高筋小麦和国产优质冬小麦为原料，经过先进的进口生产设备加工而成，作为国有企业、本土品牌，严格执行国家标准和行业标准，做到保质保量、安全放心，为百姓牢牢把住食品安全这道关，本着添加剂少添加、不添加的原则，严格管控面粉安全。

利达牌小麦粉所选取的原料小麦为加拿大、美国及澳大利亚进口小麦，以及国产北方优质冬小麦，冬小麦生长期更长，品质更优，日照时间长，小麦蛋白质含量高，颗粒饱满，赤霉病等病虫害比例远远低于南方小麦，质量更加放心。

利达牌小麦粉每年都要接受天津市级、区级等多个监管监察部门的检查，"利达"是天津百姓认可的知名品牌。公司近年来获得"农业产业化国家重点龙头企业""全国放心粮油示范工程示范加工企业""天津市'一符四无'单位"等荣誉称号。

和平牌挂面

天津人爱吃挂面汤,不管是清汤挂面还是西红柿挂面汤,不管是"卧鸡蛋"还是"飞鸡蛋",生病、天冷、下馆子、不知道吃什么好……任何时候都可以有热挂面汤的存在。

用头一天炖排骨剩下来的肉汤煮挂面,或者煮西红柿挂面再加一包榨菜,这就是天津人平淡日子里的美味。这么一碗简单的面条,对天津人来说却不可替代。而挂面在天津有个本土老字号:和平牌挂面。

和平牌挂面创立于 1953 年, 1956 年,天津市和平区挂面厂于天津市和平区大沽路 99 号建立,正式申请使用"和平牌"生产挂面,虽然规模不大,但是始终坚持"优质原料、精工细作、质量第一"的企业文化和经营理念,始终坚持科学管理和品种的

不断创新，"和平牌"产品质量在天津市的挂面市场遥遥领先，在当时十多个挂面生产企业中脱颖而出，深受广大消费者青睐。在计划经济的供应格局中，属供不应求的畅销产品。

1960年和平区成立粮食局后，公司更名为天津市和平区粮食局挂面厂；1993年为满足市场需求，工厂扩建，年产量7000吨，服务市场由天津市扩大至京津唐及东北地区，其间随着大型超市的出现与发展，市场进一步扩增，覆盖华北与西北地区；2006年增加出口业务，产品销往韩国及多个欧美国家。

公司生产的挂面产品有普通挂面系列、蔬菜挂面系列、杂粮挂面系列、出口挂面系列。原料采用优质小麦粉，蔬菜挂面由新鲜蔬菜榨汁和面，做到原汁、原味、原色，不含任何色素和添加剂，营养丰富，口感爽滑有弹性。为了保障膳食营养，根据消费者的需求，创新研制了适合糖尿病、高血压等人群食用的荞麦、苦荞挂面及补充各类营养的小米面、燕麦面、高粱面、玉米面等品种的杂粮系列挂面。

有机豆丝面采用非转基因有机豆子为原料精制而成，无任何其他类谷物原料的添加，舍弃了传统的以小麦为制作面条的原料，而是完全采用了非转基因有机豆子为原料制作而成。豆丝面系列产品包括：黄豆有机宽/细丝面、双青豆有机宽/细丝面、黑豆有机宽/细丝面和红豆有机细丝面。

大豆原料来源于原生态无污染的有机农业生产基地，比传统的小麦面条多出近4倍的蛋白质、近4倍的膳食纤维，少于近60%的碳水化合物，脂肪含量也只有6%。产品采用了先进的挤压技术，一步法生产豆丝面，摆脱了传统先制浆再做豆腐再挤压的工艺，很大程度地保留了大豆的营养。

目前公司具有两条先进的大型自动挂面生产线，开发引进了韩国自动鲜切面（冷冻鲜面、半脱水鲜面、保鲜面）生产线和多台使用100%有机大豆生产的豆条面及有机豆油的生产设备。生产工艺采用国际先进的真空喷淋式和面和调速烘干，产品劲道耐煮，反复冷冻不影响口感。

公司已先后通过ISO 9001国际质量管理体系认证、HACCP食品安全管理体系认证、BRCGS食品安全全球标准认证、欧盟有机产品认证、联合国有机产品认证等多项认证。与此同时，"和平牌"被评为天津市著名商标、天津市"津门老字号"；公司荣获"中华老字号"传承创新先进单位、全国主食加工业示范企业、全国质量信得过产品、天津市农业产业化重点龙头企业等多项荣誉。

金星芝麻油

俗话说"吃在天津",麻花、炸糕、包子、煎饼果子、锅巴菜、馄饨、麻酱烧饼都是大家熟知的津门特色美食,而这些特色美食却都离不开小磨香油或芝麻酱,选优质小磨香油、芝麻酱请认准"金星"牌。

"金星"牌香油历史悠久,因在"墩油"工序时,油面总是一闪一闪,好像天空中的小星星,金星品牌便由此得名。

"金星"牌香油是天津市益民金星食品有限公司旗下的拳头产品,公司坐落于天津市静海区梁头镇。其前身为"李记香油",经历几代人的不懈努力,至今已有近百年历史,现已发展成天津市农业产业化经营市级重点龙头企业。

时光如梭,"金星"牌小磨香油历经顺逆兴衰,始终秉承"李记"香油古法制作技艺:筛选—漂洗—炒籽—扬烟—磨浆—兑浆搅油—墩油出油—振荡分油—自然沉淀。同时,公司也以该技艺而成为天津市非物质文化遗产项目保护单位。

古法石磨 (传统工艺)

| 筛选 · 清除芝麻杂质 | 漂洗 · 清洗微小灰尘 | 炒籽 · 低温烘炒籽料 | 扬烟 · 扬去烟尘焦末 | 磨浆 · 青石低速磨浆 | 搅拌 · 二次兑浆搅油 | 墩油 · 充分墩油出油 | 撇油 · 震荡分油撇油 | 沉淀 · 川天自然沉淀 |

"金星"牌小磨香油色如琥珀、香味浓郁、油质醇正、营养丰富,深受消费者喜爱,堪称绝佳佐餐调味油。"金星"牌小磨香油的优良品质与采用的独特工艺密不可分:

一、漂洗工艺培育芝麻胚胎

小磨香油营养丰富,关键在于漂洗工艺,先将芝麻培育成芝麻胚胎,促进生成对人体有益的芝麻酚、芝麻素等营养物质。这是其他工艺所不具备的。

二、石磨磨制

采用石景山青石磨低温慢速研磨,整个过程原料温度保持在 60~65℃ 之间,更好地保留了芝麻中的芳香味物质及功能性营养成分。

三、"水代法"取油

"水代法"取油是利用油料中非油成分对水和油的亲和力不同,以及油水之间的密度差,经过搅拌、墩油、撇油、沉淀等工艺,实现油酱分离的一个过程。无需添加任何化学溶剂,在最大限度保留芝麻中芳香物质及营养物质的同时去除重金属等有害物质。用这种方法制取的小磨香油安全健康。

公司拥有国际先进的芝麻精选、色选、烘炒、磨酱、制油、灌装等全套生产线,保证了产品的品质与产量。自 2003 年始,公司全面引入 ISO 9001 质量管理体系认证,所有生产环节均按 HACCP 体系进行管理,确保产品的品质和充足的货源供应。

在传承"李记"香油古法制作技艺的基础上,天津市益民金星食品有限公司结合现代科技不断实践和锤炼小磨香油的制作工艺,精益求精。品牌和企业荣获"津农精品""天津礼物""津门老字号""天津市非物质文化遗产""'津彩,相伴——天津特色伴手礼"等荣誉。

"金星"牌芝麻油、芝麻酱等产品不仅受到国内消费者的认可,还远销美国、加拿大、澳大利亚、韩国、日本等国家。品牌建设有天猫平台"金星食品旗舰店",抖音平台"金星调味品旗舰店"。

　　公司致力于小磨香油、芝麻酱及其他芝麻相关产品的研发,开发了以芝麻为原料的多种产品,严格履行对消费者、对社会的承诺,坚持"做好油、做良心油",全心全意为消费者创造营养、健康、安全的产品。深挖企业文化,提升企业形象,全力打造"经典企业,百年金星"。

王口炒货

　　小小的瓜子儿是中国百姓居家生活的"标配"零食。吃瓜子儿看电视，嗑瓜子儿乘火车，这是前些年中国人生活中的"标准像"，也是日常生活的场景。在生活节奏不断加快、工作压力不断增加的今天，瓜子儿依旧连万家，是人们日常生活中不可或缺的休闲食品，并以不断升级的品种和口味，点缀着丰富多彩的市井生活。

　　提起瓜子儿，有一个响当当的名号就不得不说了，那就是天津市静海区王口镇的"王口炒货"。王口炒货历史悠久，距今已有600多年历史。据《河间府志》记载，早在明朝嘉靖年间，王口地区就种植葵花，并有炒熟食用葵花籽的习惯。清朝年间，王口镇有"振升""昌来""富泰亨"三大商号，经营炒货。其间，王口镇义和村刘万和家传承了先民的炒货工艺，开始在炒制葵花籽的基础上发展炒制花生米（大果仁），当时的工艺是使用简单的八印小铁锅加沙土手工炒制，炒出的产品味香、酥脆，倍受欢迎，但只分原味和咸味两个品种。随着百姓生活水平的逐步提高，炒制花生米的工艺也在不断改进，由八印小铁锅改为平锅，产品的品种由原来的两种发展到葵花籽、花生、蚕豆等十余种。

　　民国时期，炒货业在王口广为流传，开始出现了以义和村吴茂林家、孙兆林家为主的一些家族相继从事炒货行业。

　　新中国成立后，随着炒货业在民间不断传开，工艺也得到不断改进，由原始的人工炒制改为用电炒制，炒货小作坊开始逐渐增多，形成了以义和庄为中心的炒货小基地。王口炒货在河北一带享有盛名。改革开放以来，经过王口镇几代人努力，炒货业在王口镇得到迅猛发展，葵花籽、花生米、花生果、蚕豆等的炒制规模和效益也得到了不断扩大，炒货业从工艺到设备也随之得到改进和更新，炒货业发生了四大转变，即产品由单一口味向多口味转变、由炒货向煮货转变、由人工炒制向自动化炒制转变、由小作坊向工厂化和公司化转变,炒货产业体系相继形成,产业链条不断延长,基本达到了集交易、生产、批发、零售、物流为一体的生产经营模式。从此,王口炒货闻名全国,产品也走出了国门,成为中国炒货行业的金字招牌。

随着王口炒货的社会知名度不断扩大,一批批炒货企业如雨后春笋般在津沽大地茁壮成长,行业协会也应运而生。在原王口炒货协会基础上,葆有王口炒货600年历史底蕴,凝聚津沽大地同行业精英的天津市坚果加工行业协会"应运而生",并于2016年3月成功申请了"王口炒货"集体商标。

王口的坚果炒货已经有几百年历史,老一辈凭着一手炒货绝活儿闯出了王口"炒货小镇"的名头。从小作坊到规模化企业,从摆地摊儿到网络销售,记录着王口炒货的华丽转型之路。王口镇现在有多个炒货企业,也开创了自己的炒货品牌,比如"岳成""马老七""大方佳"等。在王口镇还有很多鲜活的创业、守业的故事在不断发生。

有一位20岁出头、心思活泛的年轻人就是其中的代表,他的名字叫马兰波,念念不忘发扬光大传统技艺,用一种坚忍执着的信念,一心想着依靠祖辈们传下来的炒货手艺发家致富。他从老辈儿们的草棚里翻出传统炒锅,在老匠人的指导下支起炉灶,开始了艰辛的创业之路,开启了起早贪黑收购生货、煎炒油炸生产炒货、走街串巷沿街叫卖的创业生涯。从开始的夫妻店,到后来生意好了雇上几个乡亲帮忙,生意像滚雪球一般越做越大,生产的炒货也一步步走进县城,迈入批发市场,再呈现到市里的大商场柜台。另一位炒货达人则是土生土长的马老七,进入新世纪之后,随着生意扩大走南闯北,不再故步自封,一心要开疆辟壤,心心念念要把生意做大、把王口炒货推向全国。他渐渐认识到靠小作坊经营、靠人工生产是远远不够的,于是他拿出全部的家当,

成立了天津市宏发晟食品有限公司,联合设备企业设计生产适合王口风味的自动化机械设备,拉开了流水线自动化生产序幕,为王口炒货的腾飞发展注入了新的动力。

1998 年,在静海区的王口炒货之乡,一个地道的王口人,奔走在各大生货栈,挑选自己想要的原料,他是"岳成"品牌的创始人——岳成。以"岳成"为品牌名,包含了对其家族的自豪。在族谱上,岳成是岳飞的第三十二世孙。岳成从小到大最崇拜的人就是岳飞。岳飞少时家贫,始于微末而终成一代名将,其中有多少不为人知的艰辛。岳成以其超人胆识,在这片热土上开创事业,进军炒货行业。如今,"95 后"的岳友超从父亲岳成手中接过接力棒,以炒货工艺、产品质量作为重点,将公司发展成为全国坚果炒货行业最具发展潜力的十强企业之一,也赢得了"南洽洽,北岳城"的美誉。"岳成"牌葵花籽,壳薄、果仁饱满,口感酥脆,香而不燥。近年来,除了生产原味、五香等传统口味炒瓜子,"岳成"还研发了海盐、焦糖、红枣等新口味,深受广大消费者喜爱。

在很多人的童年印象里,过年期间,家人们团聚在一起嗑着瓜子儿,喝着茶水,说说笑笑,气氛祥和温馨,瓜子一直是人们最好的休闲食品之一,陪伴千家万户度过许多欢乐时光。如今的王口炒货,产品琳琅满目,国内销往华北、华东、华中等地,国外销往北美、欧洲、非洲、东亚、西亚、东南亚等地的 12 个国家和地区。买全国料,销世界货,王口"炒货之都"的名号绝非浪得虚名!

蓟州农品

蓟州历史悠久，2006 年 12 月，联合国地名专家组将其评定为"千年古县"。蓟州区古属幽燕，春秋时期称无终子国，战国时期称无终邑，秦代属右北平郡管辖，隋大业年间改称渔阳县，唐朝时置蓟州，渔阳县属蓟州管辖。唐代大诗人杜甫的"渔阳豪侠地，击鼓吹笙竽"、白居易的"渔阳鼙鼓动地来"等诗句提到的"渔阳"均指今蓟州区。新中国成立后，属河北省辖县，1973 年 9 月划归天津市，相沿至今。

蓟州区自然风光秀丽，名胜古迹众多，已形成盘山、黄崖关长城、翠屏湖、县城古文物、中上元古界地质剖面、九山顶、梨木台、八仙山和九龙山等一批重点旅游景区和度假区。

好山、好水出好农品。蓟州区是天津市唯一的半山区，天津市的"后花园"，有山有水，有平原有洼地，土壤肥沃，山清水秀，空气清新，水质优良，气候宜人，被列为全国生态示范县和全国首家绿色食品示范区，对于发展无污染、高品质、高效益的种

植业、养殖业及绿色食品加工业等极为有利。蓟州出产的绿色食品就包括酸梨汁、山地散养蛋、山芝麻香油、甘栗仁、山楂饮料、菌菇、粗粮，等等。为了更好地推广蓟州的绿色农产品，2018 年 9 月，由天津市蓟州区农品协会申请，经天津市农业农村委员会批准，"蓟州农品"商标正式成为蓟州区区域公用品牌。目前有"蓟州农品"品牌产品 94 种。天津蓟州绿色食品集团有限公司负责蓟州区优质农产品（禽蛋、杂粮、蔬菜、食用油、水产、果品等）生产、收购、加工、包装、存储和销售等各项工作。"蓟州农品"充分利用资源优势、生态优势和深厚的文化底蕴，大力发展精品农业、绿色农业、特色农业。

那酸酸甜甜的安梨、香嫩可口的散养蛋、香味浓郁的芝麻油，都是天津人民的心头好，也是儿时享受、至今怀念的味道。如今"蓟州农品"在绿色农业的基础上，以"返璞归真，寻味儿时"为理念，打造纯天然、无添加的特色产品。

1. 酸梨汁

酸梨又名安梨，产自蓟州北部山区，属于小梨种。明朝抗倭名将戚继光将军驻扎在蓟州区长城脚下时，军中曾闹了一场瘟疫，当时就是把这种酸梨熬成汤给得瘟疫的士兵服用，结果真的控制住了这场瘟疫，戚将军感叹：小小酸梨竟能去我军中大病，以后就叫他安梨吧。安梨因此得名。酸梨是一种功效出色的抗癌食材，平时食用酸梨能减少人体内致癌物质亚硝胺的生成，也能预防动脉硬化，可以降低癌症和中风等恶性疾病的发生几率，另外酸梨还能促进肠胃对食物的消化和吸收。酸梨中含有苷类及鞣酸成分，可以润燥清肺、祛痰止咳，具有养护咽喉的作用。吃酸梨可以保护心脏，能增强心肌活力，因为酸梨中有大量的 B 族维生素，这些物质可以提高心脏功能，也能降低血压和血脂。

蓟州产酸梨汁十分,将酸梨打成酸梨浆,无任何食品添加剂,配料只有水、酸梨浆和白砂糖,经无菌车间,高温罐装,成品出炉,果汁含量高达 40%。

2. 山地散养蛋

散养鸡成长在蓟州区别山镇红花峪山间林野,红花峪的桑葚是当地标志产品,这里山清水秀,气候宜人,远离污染。散养鸡在这里自由自在,寻觅桑叶、桑葚,以及菌类、虫类、野菜等为食,喂养所使用的原粮玉米、小麦来源于蓟州区绿色食品标准化基地。

散养鸡生长周期为两年左右,每只鸡平均三天才产一枚蛋,每年平均产蛋仅在 90 到 100 枚之间,全部为自然下蛋,从不喂食任何激素,蛋黄大而饱满,蛋清稠而透亮。鸡蛋无抗生素、无农残、无重金属,健康安全,鲜嫩无腥味,口感极佳。蛋壳光滑,带有食品级墨水喷码,一蛋一码,安全信息可追溯。

散养柴鸡蛋与等重普通鸡蛋相比,营养成分更丰富,免疫因子活性,是尤为理想的蛋品。普通笼养鸡的产蛋率能达到95%,年产蛋量高于300枚。而柴鸡的产蛋率只有30%左右,也就是说每只柴鸡平均要3—4天才能产下一枚小小的鸡蛋,每年产蛋数量很难超过100枚。厚积而薄发,营养相对丰富了许多。散养柴鸡蛋鲜鸡蛋所含蛋白质主要为卵蛋白(在蛋清中)和卵黄蛋白(主要在蛋黄中)。其蛋白质的氨基酸组成与人体组织蛋白质最为接近,因此吸收率相当高。鲜鸡蛋所含的脂肪主要集中在蛋黄中。此外蛋黄中还含有卵磷脂、维生素和矿物质等。

3. 山芝麻香油

山芝麻香油原材料是产自蓟州的白芝麻,此香油利用最传统的水代法加工而成。水代法是我国的一种传统制油方法,过程是:把筛选好的芝麻在锅中炒酥,再用石磨将芝麻磨成细麻酱坯,然后按比例将油坯和开水放入锅中,通过搅拌、沉淀把油提取出来,通过长时间的震动,如用重锤敲打的方法,将残油和麻渣分开。这样加工而成的香油,出油量虽然小,但是香油纯度更高、香味更浓、营养价值更高、口感更好,一般 1.25 千克芝麻出 0.5 千克香油。

"蓟州农品"现已登陆多家线上平台,依托互联网把全区的特色农产品推向全国市场,通过线上销售带动农民增收;还推出"互联网+农业+旅游"可持续发展电商模式,引导农民发展休闲、观光农业,培育"网红打卡点",打出乡村振兴与生态旅游、休闲采摘"组合拳",促进蓟州区农特产品销售。

冬酿蜂蜜

人类自古将蜂蜜入药入膳，其味道甜美，妙不可言，被称为无价之宝。天然蜂蜜量微，故人类养蜂取蜜。古希腊、印度、埃及和中国均为世界较早的养蜂之国。在宗教文化浓厚的国家，蜂蜜是"圣品"，用来做感恩祭祀之用。古希腊和印度人，还用蜂蜜美容和养颜。

早在商纣王时期，我国就已经有食用蜂蜜的记载了，甲骨文中就已经有"蜜"这个字。《诗经》为我国最早以文字记载蜜蜂的资料。东周时期的《礼记·内则》中，载有"子事父母，枣栗饴蜜以甘之"。成书于先秦时期的《黄帝内经》出现了用蜂针、蜂毒治病的记载。还有写于秦汉时期的《神农本草经》中称蜂蜜为药中之上品，说明当时已发现了蜂蜜的药用功效，其中记载"蜂蜜味甘、平，无毒，主心腹邪气，诸惊痫痉，安五脏诸不足，益气补中，止痛解毒，除百病，和百药。久服强志轻身，不饥不老，延年。"中医特别重视蜂蜜，称其具有调补脾胃、缓急止痛、润肺止咳、润肠通便、润肤生肌和舒肝解毒等诸多功能。蜂蜜对某些慢性病还有一定的疗效。常服蜂蜜对于心脏病、高血压、肺病、眼病、肝脏病、痢疾、便秘、贫血、神经系统疾病、胃和十二指肠溃疡等病都有良好的辅助医疗作用。外用还可以治疗烫伤、滋润皮肤和防止冻伤。

蜂蜜是一种健康食品，味道甜蜜，所含的单糖，不需要消化就可以被人体吸收，对妇、幼及老人具有良好的保健作用，是一种营养丰富的天然滋养食品，也是最常用的滋补品之一。它含有人体所需的多种无机盐、维生素和多种有机酸，以及果糖、葡萄糖、淀粉酶、氧化酶、还原酶等。

蜂蜜不仅是医家良药，而且是美容佳品。晋代郭璞《蜜蜂赋》有"灵娥御之（蜂蜜）以艳颜"，即指晋代女子直接用蜂蜜抹面。

中国人食用蜂蜜的历史悠久，古人留下了许多关于蜂蜜和蜜蜂的诗句。比如，唐代罗隐的"采得百花成蜜后，为谁辛苦为谁甜"，宋代杨万里的"作蜜不忙采花忙，蜜成犹带百花香"。宋代苏辙有诗云："井底屠酥浸旧方，床头冬酿压琼浆。"诗句的意思是：酒窖里按照传统的方式炮制的屠苏酒，再加上点儿蜂蜜，它的滋味超过了神仙喝的美酒，其中"冬酿"就是指蜂蜜。

天津中发蜂业科技发展有限公司打造的"冬酿"品牌蜂蜜便取自这首诗。此外"冬酿"还有另外一层含义，李白著名的诗句"冬雪一日酿春醉"，意思是"漫天的冬雪啊冷酷无情，却是她酿造出春天的醉人"，取其中"冬酿"二字，用来表示美好的事物都是来之不易的。

　　公司以蜂蜜、蜂王浆、蜂花粉为主导产品，一贯坚持"绿色、健康、原生态、无添加、良心造好蜜"的产品理念，为消费者生产出高品质、放心的蜂蜜产品。"冬酿"品牌蜂蜜原料蜜均来自公司旗下的三大蜂蜜生产基地，三大生产基地位于吉林、承德，以及保定阜平三地山区，环境优美，蜜源植物丰富、天然无污染，并且均获得了国家绿色食品产地认证，"冬酿"蜂蜜从蜂产品原料蜜的生产源头开始对产品品质进行管控，让"冬酿"蜂蜜的质量得到保证，在生产过程中"化繁为简"，运用行业内最先进的加工生产工艺，购入最先进的蜂蜜加工生产线，生产过程中不加任何添加剂，生产出纯绿色蜂蜜，并将"纯"字作为产品的最大特色。

1. 多花蜂蜜

采于百花丛中,汇百花之精华,集百花之大成。清香甜润,营养滋补,具蜂蜜之清热、补中、解毒、润燥、收敛等功效,是传统蜜种。

2. 党参蜜

为蜜中上品,有补脾胃、益气血之功。对脾胃虚弱、气血两亏、体倦无力、妇女血崩、贫血有辅助疗效,适于体虚、胃冷、慢性胃炎、贫血者的保健食用。是老年人用来滋补、中年人用来强身之佳品。

3. 椴树蜂蜜

采自东北长白山著名的紫椴、辽椴,是我国东北特有蜜种,该种花蜜,结晶是其一大特点,白而细腻,液态为浅琥珀色;气味芳香浓郁,口感独特,属来自原始森林的优质蜂蜜。有养胃补虚、清热补中、解毒润燥之功效,有一定的镇静作用,是难得的森林蜜种。

4. 洋槐蜂蜜

又称刺槐蜜、槐花蜜,产自黄河及长江中下游地区,每年开花时节花香四溢,十里闻香,沁人心脾。蜂蜜色浅味鲜,色泽清亮,质地浓稠,口感甘甜而不腻,芳香四溢,有槐花特有的清香味,饮下使人口齿生香。不易结晶,果糖比例高,为蜜中上品,是我国出口创汇的主要蜂蜜品种,有清热解毒、养颜正气之功效,对舒张血管、改善血液循环、防止血管硬化、降低血压有辅助作用。临睡前服用能降低中枢神经兴奋,起到一定的催眠作用。常服此种蜂蜜能改善人的情绪,达到安心安神效果。

5. 枣花蜂蜜

呈琥珀色,蜜汁透明或浅浊,质地黏稠,甜香可口,是广大女士群体偏爱的一个蜜种。为我国传统蜜种,营养丰富,维生素 C 含量高,是滋补首选蜜种。有补中益气、养血安神之功效,主治中气不足、脾胃虚弱、贫血、体倦乏力、妇女脏躁,最适合妇女、儿童、老年人和体弱患者。

6. 荆条蜂蜜

呈浅琥珀色,透明度较低,气味清香,口感甜润、微酸,易结晶,结晶细腻、呈乳白色,久置后色泽加重。采自华北地区,南方少见。有清热去燥、解毒去痛之功效。入口留香,回味无穷,因其优质被称为"一等蜜"。

"冬酿"蜂蜜稠如凝脂、味甜纯正、清洁无杂质,产品品质均高于国家标准,波美度达到 42 以上。"冬酿"蜂蜜以自然之恩赐,分享美好,传递健康于广大消费者。

华旗果茶

　　山楂可爱,不仅因其"绿滑莎藏径,红连果压枝"的红艳炽烈之形,亦因其"从容岁月带微笑,淡泊人生酸果花"的清雅高洁之品,更因其"封君莫羡传柑宠,清爽何如楂与梨"的酸爽之味。

　　山楂,又名山里果、山里红,蔷薇科山楂属,果实味美,且具有极高的药用价值,是中国特有的药果兼用树种。果可生吃或做果脯果糕,山楂中含有黄酮类、内酯类成分以及酒石酸、维生素。山楂是一味常用的中药,具有消食健胃作用。对于食积腹胀、胃胀、饮食积滞,山楂有显著作用。山楂还具有化痰作用,通常用于祛除痰湿,临床常用的就是山楂配陈皮。山楂还有活血化瘀的作用,这也是近几年研究比较多的,多用于心脑血管疾病,同时山楂还具有降血脂、降血压、强心、抗心律不齐等作用。

中国人喜食山楂,如山楂糕、山楂酱、果丹皮、冰糖葫芦、山楂球、山楂条、山楂罐头,各种山楂制成的小吃不胜枚举。如今山楂饮品迎来市场热潮,品类也日渐成熟。提到山楂饮品就不得不提到华旗牌山楂果茶。

华旗牌山楂果茶采用津门古法工艺,传承于津门红果酪制作技法,药食同源,口味酸甜爽口;运用独特的熬制技术,非物理压榨或冷榨,完整地保存了膳食纤维结构,更有利于改善肠道环境;生产过程不添加色素,不添加香精,天然绿色更健康。独特的味道,健康的饮品,不仅深受年轻人喜爱,更辐射到各年龄层人群。

用于制作华旗山楂果茶的山楂来自获得国家地理标志称号的山楂之乡兴隆县。该有机山楂基地坐落于国家自然保护区、4A级旅游景区雾灵山。华旗有机山楂基地,2009年7月13日取得"有机产品认证证书",开创了用有机山楂生产山楂饮料的先河。

有机产品认证证书

OFDC

南京国环有机产品认证中心有限公司
ORGANIC FOOD DEVELOPMENT AND
CERTIFICATION CENTER OF CHINA

证书号：134OP1200531

有 机 产 品 认 证 证 书

认证委托人名称：　天津市华旗食品有限公司
地址：　宝坻区通唐公路 168 号
生产企业名称：　兴隆县半壁山旭东山楂专业合作社
地址：　兴隆县半壁山镇摆宴堂村
基地名称：　华旗有机山楂基地
基地地址：　河北省承德市兴隆县半壁山镇得山村
基地面积：　86.66 公顷
有机产品认证的类别：　生产（野生采集）
认证依据：　GB/T 19630 有机产品 生产、加工、标识与管理体系要求

序号	产品名称	产品描述	生产规模	产量（吨）
1	山楂	山楂	86.66	780

（可设附件描述，附件与本证书同等效力）

以上产品及其生产过程符合有机产品认证实施规则的要求，特发此证。

初次发证日期：2009 年 07 月 13 日
本次发证日期：2024 年 07 月 13 日
证书有效期：2024 年 07 月 13 日至 2025 年 07 月 12 日

中国认可
产品
PRODUCT
CNAS C086-P

负责人　　证书专用章

中国南京蒋王庙街8号 210042 http://www.ofdc.org.cn 电话：025-85287246
8 Jiangwangmiao Street, Nanjing, 210042 China　TEL: 025-85287246
此证书复印件或传真件无效
CERTIFICATE VOID IF COPIED OR FAXED

第 1 页 共 1 页

果茶生产用水来自宝坻区大钟庄镇，这里的水质优良，是天然弱碱性矿泉水，这也是华旗果茶口感好的重要因素之一。为了进一步提升果茶的营养价值，公司成立华旗山楂研究所，由著名营养学家于若木领衔研究山楂黄酮、脂肪分解酶，优化产品品质。

华旗果茶 2000 年获得中华人民共和国卫生部保健食品的批准证书，卫食健字(2000) 第 0532 号、卫食健字 (2000) 第 0562 号，通过 HACCP 保健食品质量管理体系认证，以及 ISO 22000 质量管理体系认证。

华旗不仅仅是一瓶果茶，它吸纳了山楂文化的精髓，传承了古方熬制的独特工艺，凭着对流行趋势的把脉，以"绿色、天然、健康"的有机山楂原材料，打造"活力、时尚、健康"的山楂饮品市场。回顾华旗的成长历史，更让人对其心生敬意。

改革开放后，国际饮品巨头进入中国，中国名牌饮品在巨大的资本压力下，纷纷与可口可乐、百事可乐签署合作协议，让出中国快消品饮品的大好河山，将中国名牌北冰洋等雪藏了十几年。华旗的诞生源于创始人霍洪敏为民族品牌发声、奋斗的家国情怀，目标是竖立中华健康饮品的一面旗帜——"华旗"。从小吃天津红果酩长大的她深知山楂消食功效,霍洪敏遍寻古方潜心研制,打造了精选整果熬制的山楂果茶饮品,一经上市深受消费者的欢迎和喜爱。

1991 年 5 月,华旗山楂果茶于人民大会堂荣耀上市,华旗致力于山楂文化历史、古方熬制工艺的钻研,建立有机山楂基地,成立山楂研究所,是对中华文化的传承与民族品牌的倡导。

华旗前行的每一步都饱含华旗人的品格与精神,传承了中华饮食文化。推广山楂大健康事业是华旗公司的使命,成为中华健康饮品的一面旗帜,更是华旗公司的美好愿景。

田村屋酱泡菜

　　中国泡菜的历史悠久,文化深厚,千百年来生生不息。传说泡菜是由"菹神"发明的。"菹神"即彭祖,其也是烹饪之神,相传在他独创的膳食养生术中,有用盐水发酵蔬果的方法及其养生功效,也就是传统的泡菜制作方法,因而彭祖常被视为泡菜的发明者。

　　《诗经·小雅·信南山》中有"中田有庐,疆场有瓜,是剥是菹,献之皇祖"的诗句,"剥"和"菹"是腌渍加工的意思。

　　《诗经·国风·谷风》中有"我有旨蓄,亦以御冬","旨蓄"就是"好吃的储蓄",也就是腌制的酸菜、泡菜。这说明早在商周时期,中国劳动人民就已经用盐来腌渍蔬菜水果了。

　　在中国,泡菜是寻常百姓生活中必不可少的食品。天津的"田村屋"在传统泡菜生产技艺的基础上,大胆进行研发以及技术革新,以"低盐、低糖"的产品特点,生

产的酱泡菜深受各年龄段消费者喜爱。"田村屋"品牌系列酱菜产品通过低温发酵加工方式,最大程度保留了蔬菜中的营养成分,弥补了传统酱菜的不足之处,符合现代健康饮食观念,而迅速占领了市场。

"田村屋"酱泡菜,通过"腌制—清洗—脱盐—挑选—压榨—调味—包装—杀菌—金属检测"的复杂工艺加工制成,有黄瓜、萝卜、白菜等多个品种,每个品种口味不同、口感独特、咸甜适中,深受广大消费者喜爱。

"田村屋"系列特色酱泡菜产品包括:

1. 可口乳瓜

使用日本产的"常盘瓜"品种黄瓜作为原料,该原料无子儿嫩脆、瓜香浓厚。通过乳酸菌自然发酵的腌渍方法加工而成的可口乳瓜,口感独特,具有淡淡的乳酸风味。

2. 酱香萝卜

在调味过程中添加了日本产的红米酱,经过 7 天低温熟成方法秘制而成;口感独特、清脆酸爽、酱香浓厚。

3. 嫩脆黄瓜

主要以酱油调味,酱油本身的酱香味随着时间推移,慢慢渗透融合到黄瓜里。此款黄瓜具有独特的酱油香味,口感清脆,咸甜适中。

4. 新椒叶瓜

以黄瓜和辣椒叶为主要原料,通过酱油调味的方法加工制成,具有淡淡的辣椒叶清香味,口感独特,嫩脆可口。

5. 辣白菜

通过乳酸发酵的方法加工制成,口感清爽,咸甜适中,具有淡淡的乳酸风味,深受国内消费者喜爱。

　　好泡菜,源于好原料。"田村屋"现有原料合约基地 3000 亩,主要种植萝卜、白菜、黄瓜、茄子等蔬菜,基地主要分布于河北省唐山、张家口地区,以及天津周边区域。每块种植基地都经过专业技术人员根据气候、土壤、水源等指标进行对比,优中选优。为保证基地所产原料的质量均能达标,公司成立了基地管理部,由该部门负责种植基地的统一管理、统一供种、统一技术、统一用药、统一价格、统一收购。基地所有的蔬菜田间管理措施,全部严格按照无公害标准化生产操作技术规程进行,并在基地负责人和技术人员的指导下实施生产管理。

　　随着国家不断发展、社会不断进步,人们对健康饮食的观念也在不断地提高。"田村屋"推出的多款低盐、低糖、乳酸发酵新产品,越来越受到消费者的青睐。

桂顺斋糕点

　　"九河下梢天津卫,三道浮桥两道关,三绝两斋誉津门",这"两斋"中的其中一斋就是"桂顺斋"。桂顺斋糕点制作工艺源自清朝宫廷,品牌发源于天津,作为民族品牌,桂顺斋历经历史变迁,依然传承着民族企业货真价实的诚信经营理念,依然传承着老一辈匠人精益求精的制作态度,依然传承着品牌中包含的孝心和情义……

　　因河而生,因商而兴,天津作为近代历史上北方最繁华的商埠,南来北往的漕运船只在这里云集,也极大地促进了天津小吃的兴起和发展,而桂顺斋也正是在那个时候兴起的,它的创办历程也颇具传奇色彩。

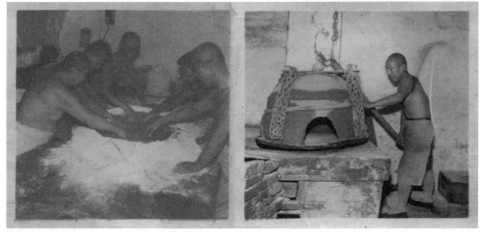

　　说起桂顺斋品牌,从1924年成立到现在已有百年历史了,创办人刘珍,字星泉,年幼丧父,与母亲相依为命到天津闯荡,其母对京味糕点情有独钟,为了让母亲吃到正宗的京味糕点以解思乡之情,凭着孝心和认真的钻研态度,他省吃俭用积累了一定资金,在南市大兴街34号专门成立了糕点作坊,制作各式清真糕点,受到当时的达官显贵人家及南市地区的一些娱乐场所名流的喜爱。1924年,恰逢其大女儿刘淑桂降生,就以其"桂"字为头,为自家店铺起名"桂顺斋",并邀请著名的书法大家杜宝桢,撰写了"桂顺斋"三个特体大字的牌匾。由于刘星泉童叟无欺的经营理念和精益求精的制作态度,使得桂顺斋一时名声大振,桂顺斋品牌从此响彻津门。

1956 年,桂顺斋实行公私合营,公私合营后的桂顺斋成为天津市桂顺斋糕点总厂,隶属天津市副食品局下属的天津市糕点公司领导,成为当时天津市唯一保留的清真糕点食品厂。创始人刘星泉的长子刘少泉,桂顺斋第二代品牌传承人,毕业于中国人民大学法律系的高才生,继续经营着桂顺斋品牌。

2000 年,桂顺斋品牌第三代传承人刘毅,时任副厂长,重新梳理了桂顺斋的产品品种,再一次将诚信经营、真材实料的经营理念带入全新的桂顺斋食品厂。

2014 年,桂顺斋公司书记、董事长房印健提出"用诚心做企业、用良心做点心、用真心做服务"的发展理念。带领桂顺斋公司实现从基层手工操作到技术升级现代管理,不断投入现代设备技术,扩大生产、经营规模,使得桂顺斋的经营发展上了新台阶。截至目前,桂顺斋在全国拥有近百家店面及专柜。产品分别销往京津冀及华北其他地区、东北地区、西北地区。

现在天津市桂顺斋食品有限公司隶属于天津食品集团，是"桂顺斋"产品商标注册厂家。公司先后被认定为"中华老字号""津门老字号"，连续多年被评为"天津市食品安全与质量优秀企业"，连续多年在中国烘焙食品大赛中荣获多个奖项。2019年被国家民委认定为"全国民族特需商品定点生产企业"，2021年荣获"天津市民族团结进步典型示范单位"荣誉称号，是天津市生产清真糕点食品的知名企业。

如今，桂顺斋的门店里，依然是一片熙熙攘攘的繁荣景象，生产的白皮、沙琪玛、槽子糕最有名，不少老天津人就爱这几样。在保留传统糕点"老味儿"的同时，桂顺斋也不断创新，如今，企业生产糕点、饼干、月饼、粽子、麻花、元宵、面包、糖醇糕点、油炸类糕点等九大类别产品，种类多达百余种。

为了满足当下消费者的健康饮食理念，桂顺斋开发大健康系列产品，将传统中式糕点深化升级为低糖、低油系列产品。在产品定位上，将桂顺斋老字号产品定位为"中老年人儿时记忆、青年朋友的伴手美食、辣妈儿童的健康选择"。

桂顺斋公司特设独立制馅车间，为生产糕点提供安全卫生、纯正清真的自制馅料。产品严格按照"SC"生产标准制作而成，从配料到检验，道道工序，层层把关。在选择原料上更是慎重考究、可追溯，选用的主料有天津食品集团旗下的"利达"品牌面粉、广源养殖场的鸡蛋、"海河"品牌的牛奶，还有"中粮"的大豆油，两广地区的蔗糖，确保产品的食品安全。

桂顺斋品牌以其真材实料、口味正宗、诚信经营屹立百年，承载了一代又一代天津人的记忆，虽然历经风雨变迁，但它仍以顽强的生命力诠释着清真糕点的历史，传承着宫廷技艺的美味，在市场竞争中努力拼搏，在守正创新中快速发展。桂顺斋以最质朴的情感，做最好吃的点心，回馈津门百姓对它的热爱。

百世耕耘酱菜

　　"百世耕耘"品牌产品分为军用产品、民用产品和出口产品三大种类。军用产品主要包括自加热炒米饭、自加热炒面、调味菜系列、调味酱系列、战斗食品、山楂片、巧克力、果干等。民用和出口产品主要以腌渍菜、浅渍菜、调味菜、调味酱这四大类为主,有黄瓜类、萝卜类、高菜类、茄子类、圆白菜类、榨菜类、辣酱类共 7 个品类60 余个品种,主要出口日本市场。

　　"百世耕耘"之所以生产多品类的军用产品,是因为其前身便是中国人民解放军第九〇五四工厂。1987 年,中国人民解放军第九〇五四工厂以一个车间与日本大阪贩卖株式会社成立中日合资公司——天津光辉食品有限公司。1998 年,中国人民解放军第九〇五四工厂撤编,其资产及所持中日合资天津光辉食品有限公司股份移交天津市国有资产管理委员会,全体现役军人随企业整建制同时移交。2010 年,天津市国有资产管理委员会收购日本大阪金久集团所持 50% 股权,成立国有独资企业。2017 年 12 月 25 日,国有独资企业改制为股份制有限公司,公司更名为天津百世耕食品有限公司。

　　因为有着军工厂的历史渊源,同时又有日本食品企业的管理经历,天津百世耕对产品品质要求格外严格。生产的产品,从新鲜原料进厂到成品出厂均严格按照生产工艺执行,对原料验收、原料前处理、产品生产、出厂检验每一道工序均制定了标准化工艺文件,设置工艺参数,并严格按照参数生产。公司内设有占地 200 平方米的综合性产品研发检验中心,产品检验项目包含感官测试、可溶性固形物、水分含量、pH 值等指标测定。公司按照现代企业运营的要求管理企业。重视产品的加工前端、产品加工过程和运输销售环节的质量控制,对产品实行全程质量监控,制定食品安全追溯制度,做到食品质量安全顺向可追踪、逆向可溯源、风险可管控,保障了食品质量安全。

"百世耕耘"品牌拥有日本风味的寿司黄瓜、寿司萝卜、椒叶黄瓜、福神渍、浅渍萝卜、美味高菜等二十余种产品。其中萝卜、高菜等籽种由日本引进,在公司备案基地完成种植,历经腌制、整形、脱盐、压榨、低温、熟化、巴氏杀菌、X 光检测等二十多

道工序生产完成,具有口感脆嫩、味道清爽、低盐低脂的健康特性,是美味的佐餐食品和休闲食品,数十年来一直畅销日本市场。"百世耕耘"品牌腌渍菜以低盐,无亚硝酸盐、无重金属残留为突出特点,符合当下消费者健康饮食理念。

　　"百世耕耘"牌香辣酱、香菇酱、牛肉辣酱等六款酱类产品专为军用食品研制,采用四川豆瓣酱、重庆豆豉,配以牛肉、鸡肉、香菇等原材料经熬制而成,色泽鲜亮、辣度适中、香辣适口、保质期长,是调制菜品、增强食欲的佐餐佳品。

　　"百世耕耘"牌20型单兵自热食品是最新型面向民用市场开发的方便食品,产品丰富,体积小,携带食用方便,能量高,是应急、野炊、旅游所必备食品。

　　"百世耕耘"品牌的宗旨是以消费者的健康为己任,以与消费者共享健康为企业的价值观。农产品原料来源是食品可追溯体系的第一道关。"百世耕"始终选择有资质的第三方检测机构对原料基地土壤、水质情况进行检测,确保原料种植环境的安全可靠。基地采摘的各种农产品原料和其他的辅料包材进入公司首先要进行验收,详细记录原料名称、产地、规格、数量、生产日期等信息,建立合格供应商档案。在生产过程中,做好各个环节记录,包括领料、投料、制作加工及关键工艺参数控制,做到每一步操作有操作人员签字,工艺流程可追溯。

　　产品的出厂检验是保证产品质量的关键,"百世耕耘"严格按照体系文件,对每批次产品进行严格的出厂检验,确保每批次产品合格。产品定期接受国家和属地市场监管部门抽检,且每年送样至有资质的第三方检测公司进行型式检验,结果均符合产品执行标准的要求。

参考文献

[1] 郭华,姜浩.蜕变与重生:中国农业文化遗产天津小站稻[M].天津:天津古籍出版社,2022.

[2] 田建平,胡远艳.中国药食同源资源开发与利用[M].长春:吉林大学出版社,2020.

[3] 潘富俊.美人如诗,草木如织:诗经植物图鉴[M].北京:九州出版社,2014.

[4] 赵维臣.中国土特名产辞典[M].北京:商务印书馆,1991.

[5] 张培生.静海县志[M].天津:天津社会科学院出版社,1995.

[6] 李慧燕,李苒苒,张淑荣.基于政府视角的天津市地理标志农产品品牌建设研究[J].天津农学院学报,2016,23(4):60-66.

[7] 贺苗苗.加快"互联网＋农业"发展 助力滨海新区农业供给侧结构性改革[J].天津经济,2017(9):3-6.

[8] 魏振华.滨海新区 大港史话[M].天津:天津科学技术出版社,2011.

[9] 叶昌建.中国饮食文化[M].北京:北京理工大学出版社,2011.

[10] (清)袁枚.随园食单[M].彭剑斌,校注.北京:北京时代华文书局,2020.

[11] 冯骥才.话说天津卫[M].天津:百花文艺出版社,1986.

[12] 本书编委会.中国地理标志产品集萃 水产品[M].北京:中国质检出版社,2016.

[13] 赵永强.津味儿[M].北京:生活·读书·新知三联书店,2016.

[14] 杨殿奎,夏广洲,林治金.古代文化常识[M].济南:山东教育出版社,1983.

[15] 天津市地方志编修委员会办公室,天津二商集团有限公司.天津通志二商志[M].天津:天津社会科学院出版社,2005.

[16] 陈君慧.中华酒典[M].哈尔滨:黑龙江科学技术出版社,2013.

[17] 贾士儒.中国传统发酵食品地图[M].北京:中国轻工业出版社,2018.

[18] 曾庆双,黄海,许凯.中国白酒文化[M].重庆:重庆大学出版社,2020.

[19] 栗卫清,刘芳,田明,等.京津冀城市居民乳制品消费现状与影响因素研究[J].中国食物与营养,2017,23(4):52-55.

[20] 本社.天津风物志[M].天津:天津人民出版社,1985.

[21] 李正中,宋安娜.南市文化风情[M].天津:天津人民出版社,2003.